■ 樊璟◎著

女孩的第一本性格枕边书

中国纺织出版社

内 容 提 要

人生就是一个不断提升和完善自我的过程，尤其是对处于成长期的年轻女孩而言，塑造好的性格，有助于自己更好地把握成才与成功的机遇，从而成就女孩的完美人生。

本书通过一些名人成才与成功的故事，契合年轻女孩成长阶段的身心发展特点，总结出了年轻女孩修炼性格的诸多建议。娓娓道来的故事，温情的文字解读，这是一本关于年轻女孩性格的最佳枕边书。

图书在版编目（CIP）数据

女孩的第一本性格枕边书 / 樊璟著.--北京：中国纺织出版社，2018.8

ISBN 978-7-5180-5035-2

Ⅰ.①女… Ⅱ.①樊… Ⅲ.①女性—性格—通俗读物 Ⅳ.①B848.6-49

中国版本图书馆CIP数据核字（2018）第108480号

责任编辑：闫 星　　特约编辑：王佳新　　责任印制：储志伟

中国纺织出版社出版发行

地址：北京市朝阳区百子湾东里A407号楼　邮政编码：100124

销售电话：010—67004422　传真：010—87155801

http：//www.c-textilep.com

E-mail：faxing@c-textilep.com

中国纺织出版社天猫旗舰店

官方微博http：//weibo.com/2119887771

天津千鹤文化传播有限公司　各地新华书店经销

2018年8月第1版第1次印刷

开本：710×1000　1/16　印张：13

字数：122千字　定价：36.80元

前言

美国著名心理学家威廉·詹姆斯说："播下一个行动，收获一种习惯；播下一种习惯，收获一种性格；播下一种性格，收获一种命运。"同样的话，培根在《习惯论》里也说："思想决定行为，行为决定习惯，习惯决定性格，性格决定命运。"一个人的行为是由思想支配的，行为的积累养成习惯，习惯的根深蒂固改变性格，性格又会左右思维和行为方式，自然潜移默化地决定了命运。

18~24岁是女孩黄金时代开始的序幕，这个阶段的女孩大多还在象牙塔里学习，只有少部分女孩走入社会开始工作。这一阶段，年轻女孩开始走向另一个阶段，青春年华开始绽放，当然，有效提升自己成为这一阶段不可或缺的人生规划，比如修炼自己的性格。

纵观历史，知人善用、胸怀广阔的刘邦，有萧何为其打理后方，张良为其出谋划策，韩信为其南征北战；而项羽独断专行、刻薄寡恩，唯有足智多谋的范增，还因为猜忌抛弃了他。所以，性格好的刘邦成就一世英名，而项羽只能惨败后自刎乌江江畔。对年轻女孩而言，好的性格，可以有好的人缘，别人就更愿意与自己交流相处，自然可以获得更多资源，从而改变自己的命运。

自信、乐观、韧性、自尊自爱、自律、担当、果断等性格可以塑

造女孩良好的品性。年轻女孩应该慢慢学会忍耐与宽容，毕竟学校和社会并不是一个可以任性的地方，平时的大小姐脾气应该慢慢收敛，因为随时可能会由于自己的计较而失去自尊，成为被人指责的没有教养的女孩；保持善意的微笑，哪怕面对那些不友好的人，也可以让对方感到无地自容，给他人留下大度且善解人意的好印象；在适当时让步，不但可以体现自己的涵养，而且可以让你成为受欢迎的女孩。

尽管年轻女孩的人格塑造已经基本上完成了80%，或者说她的性格已经基本定型，但其实在以后的生活经历中，还可以进一步补充和塑造。对年轻女孩来说，18~24岁这一黄金时间正是重塑性格的绝好时机。年龄方面，这一阶段处于年轻女孩身心发展定格的最后关键时期，有助于性格方面的重塑；时间方面，这一阶段的女孩尚处于学校氛围之中，文化的熏陶有助于更好地了解自我、重塑自我；经验方面，正需要这一阶段关于性格的修炼与塑造，才会为未来迈出校门走入社会做好身心的准备。所以，年轻女孩需要修炼好性格，有效提升自己，塑造完美的自我。

编著者

2017年10月

目录

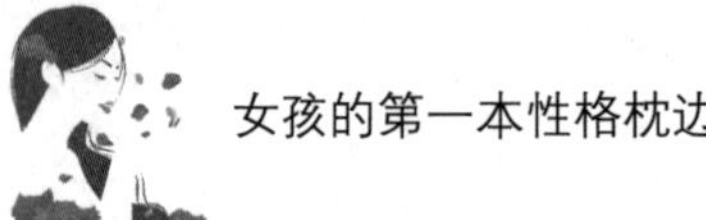

第01章

自信迷人——你若盛开，清风自来

有人说，人的第一桶金就是自信，因为自信是得到任何事物的首要条件。一个相信自己的女孩才能相信别人，才能相信自己的未来会很美好。那些浑身散发着迷人的自信光芒的女孩，你若盛开，清风自来。

女孩，你该自信点

尼采曾这样说：“聪明的人只要能认识自己，便什么也不会失去。”只有学会欣赏自己，才能使自己充满自信，并从自信中获得快乐，使自己的人生不迷失方向。

在生活中，彼此间的互相比较是不可避免的，但是，我们需要知道，自己既有缺点更有优点，因此，在欣赏别人的同时不要忽略了自己。

欣赏自己是一种智慧，它会令你浑身上下散发出自信的魅力；欣赏自己是一种心理暗示，当你把自己想象成什么样，你就真的会成为什么样的人。

在一次哈佛大学泰勒·本·沙哈尔教授的课堂上，有个学生在课堂上向沙哈尔提问道：“请问老师，您是否知道您自己呢？”沙哈尔心想：是呀，我是否知道我自己呢？他回答说：“嗯，我回去后一定要好好观察、思考、了解自己的个性，自己的心灵。”

本·沙哈尔教授回到家里就拿来了一面镜子，仔细观察着自己的外貌、表情，然后来分析自己。首先，沙哈尔就看到了自己闪亮的秃顶，

想："嗯，不错，莎士比亚就有个闪亮的秃顶。"随后，他看到了自己的鹰钩鼻，心想："嗯，大侦探福尔摩斯就有一个漂亮的鹰钩鼻，他可是世界级的聪明人。"看到了自己的大长脸，就想："嗨！伟大的美国总统林肯就是一张大长脸。"看到了自己的小矮个子，就想："哈哈！拿破仑个子就很矮小，我也是同样矮小。"看到了自己的一双大撇脚，心想："呀，卓别林就是一双大撇脚！"

于是，第二天他这样告诉学生："古今国内外名人、伟人、聪明人的特点集于我一身，我是一个不同于一般的人，我将前途无量。"

泰勒·本·沙哈尔教授善于欣赏自己，这令他对自己充满了自信，即使在别人看来，自己的长相并不出众，但是，经过他一番积极的心理暗示，原来自己身体的每个部分都与名人、伟人、智者扯上了关系，这样一来，自己肯定是一个前途无量的人。

心理学教授威廉·詹姆斯说："世界精神太忙碌于现实，太驰骛于外界，而不遑回到内心，转回自身，以徜徉自怡于自己原有的家园中。"世界上没有两个完全相同的人，每个人都是独立的个体，我们身上有许多与众不同的甚至优于别人的地方，这是每一个人值得骄傲的地方。我们没有理由总是欣赏别人，而忽略了自己的优点；没有理由一味地比较，而最终丢失了自我。

枕边细语

1.关注自己的闪光点

在平时生活中，女孩要善于发现自己的闪光点，重新树立自信心。

良好的自信心是成功的一半，要想有意识提高自己的自信心，欣赏自己、鼓励自己是不可忽视的。当自己遇到困难的时候，需要鼓励自己积极进取，遇到困难时先别气馁，而是分析原因，将自己受挫的自信心重新树立起来。

2.别做理想的孩子

有的女孩追求完美，努力成为父母眼中理想的孩子。但是，在这个世界上，哪有什么十全十美的人呢？如果你为了实现理想而苛求自己，反而会心生烦恼。所以，女孩不要以父母眼中的“理想孩子”作为标尺来衡量自己，而是尊重自己，从实际出发，尊重自己的个性，这样才会收获更多的自信。

3.细小的进步也是值得骄傲的

与同龄最优秀的孩子相比，可能自己总是显得不那么突出，方方面面都差强人意。但是，比起昨天的表现，你是否已经前进了细小的一步呢？以前可能英语成绩不及格，但现在几乎都能跨过及格的大关，取得良好的成绩，或许离优生还有一段距离，但是自己的进步却是明显可见的，因而这也是值得称赞的一大步。女孩要善于发现自己每天的进步，正视自己的努力，如果在这时能够获得父母的赞赏，那无疑会增加自己的自信心。

写下你的优点，珍视你的价值

F.H.布拉德利说过：“在某种程度上，每个人的形象都符合自己的设想。”相貌平平的女孩，不必再为你的貌不惊人而烦恼，因为“一个人越自信，他的性格就越迷人”。增加几分自信，你便增加了几分魅力。

简·爱这个普通妇女的艺术形象，之所以能够震撼和感染一代又一代各国读者的心灵，正是因为她以自信为人生的支柱，这使她的人格魅力得以充分展现。

枕边细语

1.写下你的优点

现在请你列举一下自己身上的优点，越多越好。开始，你可能觉得这很难，因为你习惯了去寻找自己的缺点，而没有关注过自己的优点，甚至没有想过自己还有优点。那么，你现在开始列举吧，如果你还是感到很困难，可以找父母、同学帮忙。列出优点，每天抽时间默念自己的优点，可能开始的时候很不习惯，但要坚持做。一段时间后，你会发现不仅自己可以坦然接受自己的优点，而且你会发现自己有越来越多的优点。

2.给自己积极的心理暗示

假如以前总会想我已经努力了，可我的学习总是不好，那么今后尝试着这样说：我要继续努力，并寻找办法提高学习成绩；如果以前常担心害怕找不到更好的工作，那么以后要常对自己说：我会努力去找，我会找到适合自己的位置的等等。生活中充满暗示，女孩时刻在受暗示的影响，当女孩说自己“不好”时，可能会时刻证明自己的确是不好。

3.少与别人比较，多跟自己比较

女孩从小受的教育使得自己习惯与别人比较，尤其是与优秀的人比较。比如在比较中发现“我不如张三的成绩好”，如果是这样，那么原本自己满意的地方也会变得很糟糕，因为不管什么时候和别人比较，不管自己有多么优秀，都会找到比自己各方面更出色的人。所以，要学习和自己比较，去发现自己的进步和取得的成绩。

4.常怀感恩的心

每天记录自己所做的事情，在做得好的事情比如勤奋、认真、孝顺上做一个记号，在自己做得不够好的地方以及需要改进的地方做一个记号，最后作总结，好好表扬和欣赏自己做得好的方面，对做得不够好的方面，而不去责备自己，而是告诉自己今天有些事情我做得不够好，明天我会改进，明天一定能够做得更好。

战胜“不可能”先生

爱默生曾说：“相信自己能，便会攻无不克……不能每天超越一个恐惧，便从未学会生命的第一课。”

成功来自于自信，自信者有着决胜的信念，在他们的字典里没有“不可能”这三个字，因为他们不达到目的就不罢休，坚决咬定青松不

放松，使“不可能”变为“可能”。

其实，能够打垮自己的往往不是别人，而是内心的“不可能”先生，所以，相信自己，相信“一切皆有可能”，不要把一次失败就看做是人生的终审。

贝勒夫人是哈佛大学的文学老师，她和蔼可亲，深受学生们的敬重。

有一天，贝勒夫人给学生们带来了特别的一节课。开始上课了，贝勒夫人首先让学生们在纸上写出自己不能做到的事情，一个10岁的女孩子这样写道“我无法完整地背出太长的课文”“我不会骑脚踏车”“我不知道怎样才能让别人喜欢我”……虽然她已经写了半张纸，却丝毫没有停下来的意思，仍认真地写着。贝勒夫人也忙着写自己不能做到的事情：“我不知道如何让孩子的家长都来”“我不知道怎样帮助玛丽提高她对数学的兴趣”等等。过了十多分钟，许多学生都已经写满了一张纸，有的学生开始打开了第二张纸，不过，贝勒夫人及时制止了这一行为：“同学们，写完一张就行了，不要再写了。”学生们按着贝勒夫人的指示，把那些写满“不可能做到的事情”的纸对折，然后按顺序来到讲台，把纸放进一个空的鞋盒里。

等所有的纸条都放进去以后，贝勒夫人把自己的纸也放了进去。然后，她将盒子盖上，夹在腋下领着学生们走出了教室，路过杂物室的时候，贝勒夫人找了一把铁锹，领着学生们来到了运动场，她挑选了一个最边远的角落，开始挖坑。

十分钟后，坑挖好了，贝勒夫人吩咐学生们将那个鞋盒埋在“墓穴”里，贝勒夫人神情严肃地说：“孩子们，现在请你们手拉着手，低下头，我们准备默哀，朋友们，今天我很荣幸能够邀请到你们前来参加‘我不能’先生的‘葬礼’，‘我不能’先生在世的时候，曾经与我们的生命朝夕相处……您的名字几乎每天都要出现在各种场合，当然，这对于我们来说是非常不幸的……我们更希望您的兄弟姊妹‘我可以’‘我愿意’‘我立即就去做’等能够继承您的事业……愿‘我不能’先生安息吧，也祝愿我们每一个人都能够振奋精神，勇往直前！阿门！”

接着，贝勒夫人带着学生们回到了教室，还举办了一个庆祝活动。贝勒夫人用纸剪成了一个墓碑，上面写着“我不能”，中间则写上“安息吧”，下面还标明了日期。贝勒夫人将这个墓碑挂在了教室中，每当有学生无意中说“我不能”的时候，贝勒夫人就会指着这个墓碑，学生们便会想起“我不能”先生已经死了，从而想出解决问题的办法。

枕边细语

1.避免苛求自己

女孩要避免苛求自己，平时对自己的要求要适当。女孩对自己的要求应与自己实际的能力和水平相适应。假如自己取得了好成绩，那应该对自己充满信心；即便成绩比较差，也要自我安慰，分析原因，总结经验和教训，或者请求父母的耐心指导，这样一步步提高自己的成绩。

2.采用小目标积累法

许多女孩产生不自信，往往是由于对自己要求过高，将自己已经取

得的成绩忽略了，她们只是沉浸在大目标无法实现的焦虑中，心理上就经常笼罩在悲观、失望的阴影中。女孩可以制定一个个可以在短时间内实现的小目标，一切向前看，从已经实现的小目标中得到鼓舞，增强自信。随着小目标的积累，不但会形成一个实现大目标的动力，而且会让自己形成足以克服自卑的信心。

3.丰富知识

生活中，经常发现当许多孩子一起交谈的时候，有的孩子说得滔滔不绝、绘声绘色，而有的女孩却只是在一边听，一言不发。这是什么原因呢？这主要是由于孩子的知识面不同，有的孩子见多识广，有的孩子知识面较为狭窄。而那些知识面较为狭窄的女孩更容易自卑，所以，女孩要有意识地丰富自己的知识，开阔自己的眼界。

为你贴上自信的名片

莎士比亚说过：“对自己都不信任的人，还会信任什么真理。”心理学家认为，自卑经常以一种消极的防御的形式表现出来，比如妒忌、猜疑、害羞、自欺欺人、焦虑等，自卑会让人变得非常敏感，经不起任何刺激。

假如一个女孩被自卑心理所笼罩，其身心发展及交往能力将受到严重的束缚，才智也得不到正常的发挥。

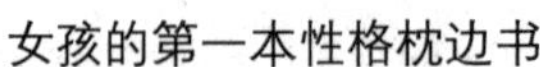

枕边细语

1.了解自己为什么自卑

女孩要了解自己是因为什么而自卑。比如因不爱打扮而表现自卑的女孩，她们对于能够正常绽放青春的同行，实际上是充满嫉妒的。她们也想要成为大家关注的中心，但是又过于贬低自己，不允许自己打扮。她们压抑自己正常的需要，用相反的方式表达自己的内心。越爱美越不敢表现美，越是想要人关注，越是不敢被人关注，从而形成典型的自卑情结。

2.多与父母沟通

青春期女孩自信心缺失，大部分原因在于家庭教育环境与方式。当女孩害怕与外界沟通，每天都呆在家里时，那不妨多与父母沟通，从父母那里获取信心与鼓励，在父母的引导下走出家门，多结交与自己兴趣相投的朋友。一旦女孩在肯定中得到了满足，那就增强了自信心。

3.多交朋友

自卑的女孩大多比较孤僻、不合群，喜欢把自己孤立起来。而积极的人际关系会为女孩提供必要的社会支持系统，有利于自身压力的减缓和排解，性格也会变得乐观起来。而且孩子在与人交往的过程中，会更加客观地评价自己和他人。女孩要多走出门交朋友，并学会一些社交功能。

4.获得成功经验

当女孩成功的经验越多，她的期望值就越高，自信心也就越强。对

于自卑的女孩来说，要建立起符合自身情况的抱负，增加成功的经验。当女孩遭遇困境，心生自卑的时候，这时可以去做一件比较容易成功的事情，或者参加感兴趣的活动，以消除自卑。比如，当女孩在考试中失利了，不妨在体育竞赛中找回自信。

5.正确面对挫折

女孩在生活中难免会遇到失败和挫折，而失败的阴影是产生自卑的温床。女孩要善于自我鼓励，及时驱逐失败的阴影。女孩可以将失败当作学习的机遇，分析失败的原因，从失败中学习和吸取教训，并将那些不愉快、痛苦的事情彻底忘记。

请唤醒沉睡的自己

每个人的潜能都是永远挖掘不完的，它就像一座永远挖不尽的金矿。女孩，只要相信自己，你就可以通过潜能来获得所需要的一切东西，一旦唤醒潜在的巨大力量，生活就会出现奇迹。

在每个人的身体里，都隐藏着一份潜能，只要女孩能够发现并加以利用这份潜在的力量，就能够实现自己的梦想。

面对困难，女孩往往不知所措，其实，我们并不是输给了困难，而是输给了自己，因为有时候女孩往往会低估自己的能力。

美国学者詹姆斯根据自己的研究成果，得出了这样的结论：“普通人只开发了他蕴藏能力的十分之一，与应当取得的成就相比较，我们不过是在沉睡，我们只利用了我们身心资源的很小的一部分，甚至可以说一直在荒废。”

唤醒沉睡的自己，唤醒潜藏在身体里的潜能，这样你才会更充分地发挥自己的才能。

枕边细语

1.要有时间观念并尽量自己解决问题

女孩应该对每天的时间进行严格规划，设定一个学习计划表，列出每天要做的事情，让自己严格按照时间的要求来做，促使自己产生时间观念。对于不懂的问题，不要直接去翻找答案，而是再次看书本，然后发现用什么知识点，重点对知识点进行概要的阐述，然后把题目分解，找出解题步骤，最终自己解决问题。刚开始使用这种方法时可能觉得别扭，不过连续数天也就适应了。

2.“逼”自己学讨厌的科目

比如在英语学习上，女孩首先要“逼”自己拼读单词，再“逼”自己去掌握短语、词组与相关句子的翻译以及语法的应用规则。这样一个月下来，即便讨厌英语的女孩也开始自己制定每天英语学习的内容，这时女孩已经不再和英语较劲儿了，而是渐渐学着喜欢它。

3.通过逼迫来训练自己

许多学习成绩不好的女孩，其实是产生了一定非智力性的学习障碍。在学习认知上，这类女孩的学习问题是因表达、阅读、记忆、推理等能力的缺失而产生的，这完全可以通过训练来解决。而且有的女孩学

习习惯散漫，比如边看电视、漫画书边写作业的现象经常存在，这样也要逼自己，在符合自己年龄特征前提下，坚持每天专心致志地完成学习任务。

记住，你是上帝的孩子

土耳其有句古老的谚语说：“每个人的心中都隐伏着一头雄狮。”只要不断挑战自我，让心中的雄狮醒来，每个人都可以成就卓越，创造奇迹。历史上，往往就是那些不断挑战自我的人完成了不可能完成的任务，成就了自己的人生，也推动了历史的前进。

女孩，不管你过去如何，现在如何，你只要问自己想成为什么样的人，然后坚定不移地朝着目标出发，哪怕所有人告诉你“这是不可能的”。

曾经有这样一个小女孩，她从小失去了爸爸，是一个私生子。在女孩成长的过程中，遭受了许多人的嘲笑与歧视，在学校也没有一个孩子愿意与她亲近。女孩耳边常常响起这样的声音：她是一个没有父亲、没有教养的孩子！时间长了，她真的觉得自己失去了父亲就成为了没有教养的孩子。在潜意识里，她非常自卑，甚至不愿与身边的人交流。不过，在女孩13岁那年，一个牧师改变了她的一生。

每个周末，当别的孩子跟随父母一起到教堂做礼拜的时候，女孩只能远远地躲在远处想象着教堂里有趣的事情，她不敢走进教堂，因为自

己没父亲、没教养。有一天，当女孩躲在远处看着其他人从教堂里走出来，她也准备离开时，忽然有人从身后拍了拍她的肩膀，女孩局促不安地转过身，看到面前站着一个慈祥的男人，她听到人们喊他“牧师”，而且还不断地提醒牧师不要招惹这个“没有父亲、没有教养的孩子”。

不过，牧师好像根本没听到什么，他温和地对女孩说：“你是谁家的孩子？”这样的问题让女孩不自觉地蜷缩了身子，她不知道如何回答，这时牧师笑了起来，说：“我知道！你是上帝的孩子。”然后，牧师抚摸着女孩的头发继续说道：“你和这里所有的人都一样，都是上帝的孩子！孩子，不管你过去如何不幸，都不重要，重要的是你对未来必须充满期望。现在你可以做出选择，选择你想做什么样的人，想拥有什么样的人生。孩子，人生最重要的不是你从哪里来，而是你要到哪里去。过去不等于未来，只要你调整心态，积极乐观地面对未来，你一样能够拥有不平凡的人生。”

牧师的话改变了女孩，从此她开始变得自信、乐观，积极地把握生命里的每一次机会。在40岁那年，她荣任田纳西州州长，之后，她弃政从商，成为世界500家最大企业之一的公司总裁，成为全球赫赫有名的成功人物。在67岁时，她出版了自己的回忆录《攀越巅峰》。在书的扉页上，她写下了这句话：过去不等于未来。

假如女孩没有在牧师的开导下勇敢地尝试，恐怕她的一生都只能是一个“没有父亲、没有教养的孩子。”在现实生活中，许多女孩像她一样，背负着过去沉重的枷锁生活，每天都懦弱、卑微地活着。其实，女孩不知道自己完全能够掌控自己的命运，可以实现任何可能的目标，做任何自己想做的人。

枕边细语

1.激发自己的潜力

杰出教育家魏书生老师曾经说过：“学生要学中求乐，苦中求乐，兴趣是最好的老师，一旦学习成为了享受，还害怕学生们不学习吗？”大量事实证明，兴趣是学习和创造的动力，只有培养自己的兴趣，才更加有利于激发女孩的潜力。

2.相信自己

女孩，要用放大镜去看自己的优点，对于只要是不涉及原则的缺点不要理会，因为女孩只要有足够的热爱生活的信心，只要能够感到自己在父母和老师心目中是很重要的、是被信任的，即便父母和老师曾经奚落过你，但只要你身上有优点，那就要对自己充满自信。

3.发挥自己的优势

一个女孩专注于自己的短板，便会渐渐损耗掉自己的生命动力和激情。兴趣是最好的老师，上帝造人赋予其不同的个性、气质和性格。女孩要善于用自己的优势享受学习，感受学习的美妙体验，并将这个体验引入其他方面的学习中，形成良性的能量场，这样自然会考出好成绩。

4.活在当下，享受当下

人最难的就是认识自己，人的生命过程就是不断认识自我的过程。

许多女孩的烦恼甚至心理问题都是根源于不明白自己身在何处，或者说不接受自己的现状。有的女孩活在过去的成绩里，所以当现在不如以前时，常常灰心丧气甚至放弃努力。所以，女孩要注重现在，活在当下，享受当下。

第02章

独立自主——路在脚下，行在远方

作为一个女孩，应该活出自己的精彩，过自己的生活，享受自己的乐趣，学会独立，让自己生活得更加美好，努力让自己过得更好。路在脚下，行在远方，只有独立自主，才能令女孩走得更远。

独立是女孩人生的基础

穆尼尔·纳素夫是科威特女作家、记者，曾著有《家庭》她曾说：“独立能力是人生的基础。”女孩要学会自立，在人生路上总会出现各种各样的困难，而女孩遇到的困难会更多，不过不管遇到什么样的困难，都不要气馁，不要没有节制地依赖别人，而要坚强地让自己站起来，战胜困难和挫折。

在小镇的一个超市，15岁的安妮站在收银台边上，正忙着帮客人把买好的东西一件一件麻利地装进购物袋，安妮长得很结实，平时温文尔雅，兴趣广泛。15岁的安妮平时非常忙，除了学习之外，安妮不但是学校学生会成员，而且还是学校羽毛球队的队员和省女子青年组足球队队员。几乎每天晚上或周末，安妮不是有训练，就是有学生会的工作，或者有比赛。

一位在购物的朋友跟安妮打了个招呼，安妮也很有礼貌地回应，朋友问安妮：“暑假有什么计划？忙了一年，是不是利用暑假的时间好好地休息一下外出度假呢？”没想到安妮兴奋地告诉朋友：“今年暑假我

要参加教会组织的志愿者活动，去非洲的一个小镇，帮助照看当地的战争孤儿。为了筹集资金，在接下来的几个周日，我会来超市帮人装购物袋周六在农夫市场出售自己烤的蛋糕和饼干，赚的钱可以交付我去非洲的部分开支。”朋友关心地问：“你父母同意吗？”安妮笑着说：“他们为我的想法感到骄傲，非常支持我。不过，他们给我提了个要求就是必须自己去筹集去非洲一个月所需的全部费用，他们是想看我是不是真的有去非洲做义工的决心，所以这几个月我都要忙着筹款了。”

在犹太法典上写着这样一句话：“5岁的孩子是你的主人，10岁的孩子是你的奴隶，到了15岁，父子平等，就没有孩子了。”在犹太人传统的文化里，年满13岁的孩子都要参加隆重的成人仪式，表示自己是真正的犹太人了，需要开始承担宗教义务了。

枕边细语

1.女孩请对自己负责

独立的个性可以让女孩更积极地管理自己，女孩需要摆脱被动地听话，避免等着父母来帮自己做决定，等着他人来帮自己做决定。通常来说，那些不具有独立性的孩子，不自觉、自律地生活，长大后就会被社会淘汰。女孩要学会自己的事情自己负责，自己解决，管理好自己的生活。一旦女孩学会了自律，才能更加独立、自主地决定自己的生活方式。

2.请求父母不要参与自己的个人事务

对于女孩自己的事情，女孩应该自己解决，别让父母参与自己的个人事务。即便女孩自己的选择有幼稚、不完善的地方，哪怕是不成熟的决定，那也是自己的决定。女孩需要这种自我选择、决断的机会，这样女孩就会在失败中走向成熟，独立性也会得到有效提升。

3.相信自己的能力

女孩要相信自己的能力，寻找锻炼自己的机会，只要自己能够做的，就应该去做。只要是自己能想到的，就要去尝试，同时请求父母给自己机会，放手让自己去做一些能够做好的事情，这样会增加自己的自信，赢得成就感。

用心耕耘你的人生

威廉·李卜克内西说："才能的火花，常常在勤奋的磨石上迸发。"如果一个人是勤奋的，那么他就拥有了成功的机会；如果一个人是懒惰的，那么他就一定不会成功。

勤勉和成功是互相制约的，虽然你的勤劳并不一定会给你带来成功，但是无论如何，每个人都要辛勤工作，因为这是走向成功的最基本的条件。

杨润丹是美国杨氏设计公司的总裁，同时她也是一位资深生活设计师。早年，她毕业于纽约大学的室内设计专业，后来在美国密歇根大学获得硕士学位。作为设计行业的领军人物，她已经从事设计工作三十年了，在工作中，她倡导创造高品质的生活，并将不同的潮流设计带到室内外的设计中。与此同时，她所创造的品牌不断发展壮大，得到了越来

越多人的支持与认可。

杨润丹是一个优雅恬淡的女子：细柔的言语、恬淡的笑容。不过，这仅仅是她的外表，她的骨子里有着一份比男人更强的坚韧、执着、勤勉。在受传统思想影响的社会，一个女人想要做成事真的很难，她们往往比男人付出更多，却收效甚微。杨润丹说："我并不想做一个女强人，也不喜欢别人这样称呼我。在中国，大部分的女性都很优秀，而我只是找到了自己想要去坚持和努力的信仰，并且凭着那份坚韧与勤奋一步步走了下去而已。"

早年，移居美国的杨润丹随着父亲第一次踏上中国，后来，由于设计便常常往返于中国与美国之间。随着对中国的熟悉，心有志向的杨润丹决定在中国成立工程公司。刚开始创业的时候，她不接受父亲的资助，而是坚持自己独立自主。她白天做设计，晚上去工地检查、指导、学习，回忆那段辛苦的日子，她觉得一切都值得，因为自己成功了。

杨润丹说："一个女人在北京，没有任何背景，没有任何关系，一开始赔光了很多钱，无数次想背包回去不来了，那时我还经常生病，可是我想这么多人跟着你，人家把工作给你，就是相信你，所以，我只能成功，不能后退。"杨润丹，就是一个耐力与勤勉并行的女子，她心中的那份认真与耕耘，为其成功奠定了扎实的基础。

枕边细语

1.成为一个独立的女孩

现实生活中，许多女孩是父母的掌上明珠，是家中的"小公主"，平时总是饭来张口，衣来伸手，每件事都是父母包办，结果女孩什么也不会做，什么事情也不愿意做。所以，要想成为一个勤勉的女孩，那就什么事情都自己动手，成为一个独立的人，从而感知生命存在的意义。

2.养成自己动手做事的习惯

在家里，只要是属于女孩自己的事，比如整理房间、收拾书桌、自己洗衣服等小事，都需要自己动手。多做事的女孩有学习手脑并用、体谅别人和为别人服务的机会，同时手脚更灵活，做事更有效率，学习效率也会跟着提高不少。

3.独立去完成一件事情

假如自己已经具备了独立完成这件事的能力，那女孩就要要求自己独立完成，拒绝父母的帮助。对女孩而言，假如没有摔倒了可以重新站起来的勇气和毅力，那自己将无法生存。假如女孩离开了父母的呵护就生活得一塌糊涂，那她在以后又该如何面对激烈的生活竞争呢?

4.女孩学会自我服务劳动

自我服务劳动是女孩照料自己的生活、保持周围环境整洁卫生的劳动。比如，女孩要勤洗手、洗脸、刷牙、洗脚、剪指甲等，做好个人卫生，能做家务、煮饭、收拾屋子，对自己的学习用品进行分类整理和保管，等等。

一切靠自己，没什么不可以

尼采曾说：“如果你想走到高处，就要使用自己的两条腿！不要让

别人把你抬到高处；不要坐在别人的背上和头上。”

一个人要想成就大事，从心底里感受到生命的充实，那就必须靠自己。所有的事实都证明：“一切靠自己”是最明智的人生理念。虽然女孩可以靠父母和亲戚的庇护而成长，因爱人而得到幸福，但是不管怎么样，人生归根到底还是要靠自己的努力。

枕边细语

1.女孩，永远相信你自己

女孩，在这个世界上，不要相信任何人，只能相信你自己。当然，在生活中许多事情也都需要靠自己，不管是学习还是生活，假如自己摔倒了，不要哭闹，而是自己爬起来，因为哭闹是没有用，谁也没有时间管自己。

2.放任自己去做事情

假如父母抱怨女孩太较真儿，不要听信父母的话。当女孩真的努力去做某件事情的时候，父母的态度不过是担心你做不好，但是假如你听从父母的话，那你这一生可能都不会认为自己是最好的。女孩应该仔细分辨态度与行为的差异，这样才能认真地对待以后的学习和生活。女孩天生爱较真儿，每件事都希望做到最好，那就放任自己去做，保护自己的成就动机。

3.激发自己的成就动机

女孩可以在父母的帮助下树立可以达到的目标，明确认识学习、品德修养等追求的目标。当女孩在一次活动中获得成功的时候，就会感到非常满足。这时女孩在接受别人的夸奖时，还需要进一步树立目标。

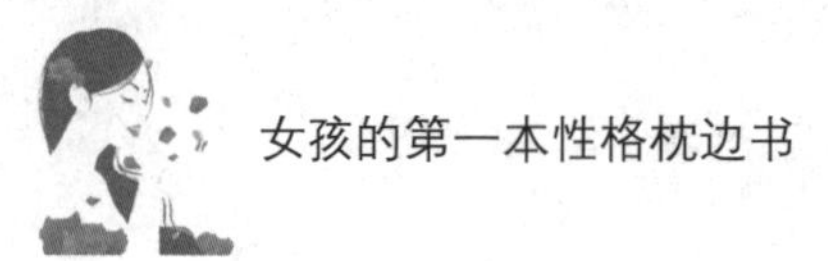

哈佛大学破格录取的女孩

拉姆曾说："你可以从别人那里得来思想，你的思想方法，即熔铸思想的模子却必须是你自己的。"

不管在任何关键的时候，正确的想法都是解决问题的唯一途径。想法是大脑的活动，人的一切行为都受它的指导和支配。想法虽然看不见、摸不到，但它却真实地存在着。有什么样的想法，就会有什么样的命运。

在2005年圣诞节的前夕，一位名叫汤玫捷的学生收到了哈佛大学的本科录取通知书，以及每年4.5万美元的全额奖学金。据了解，这种提前录取的情况，中国只有一个，亚洲也只有两个。这意味着，哈佛这所全球顶尖名校，视她为最符合哈佛精神、最需要提前抢到手的优异学生。

能进哈佛的人，一定是学习成绩最优秀，考分最高的学生。但汤玫捷所在学校的老师对她却给予了这样的评价：她不是我们学校成绩最好的学生，她从来没有在各类数理化竞赛中摘金夺银，甚至连奥数课都没有上过。

这不禁让许多学生费解，哈佛凭借什么标准招收学生呢？

拿起哈佛入学的申请表，你会发现，除了我们熟悉的考试成绩之外，还有一大堆学术背景。包括社会工作、兴趣爱好、老师推荐信，外加两篇小论文。汤玫捷担任过学校的学生会主席，辩论队成员，还作为交换学生到美国著名私校西德威尔中学学习过一年。甚至在那里也被表现好的美国学生称赞为"学生领袖型的人才"。

一位哈佛教授说："哈佛不需要只会考试的应试机器，我们要求学生：有鲜明的个性；有学术精神；有领导能力。哈佛所培养的是国家未来的精英，是在政治、法律、金融、管理等各个领域的顶尖精英。哈佛重视的是一个年轻人的综合素质，从知识的适应能力到创造精神，从博雅文化到领袖气质。"

哈佛需要和培养的是有思想、有想法的人，他们坚信，只有这样的学生才能推动人类社会的快速进步。不仅仅是在哈佛，在其他领域，那些有想法的人，也同样更容易受到重视，他们的发展潜能也更加巨大。

枕边细语

1.敢于质疑

在一个相对平等、宽松、和谐的家庭氛围中，女孩要善于大胆设想，敢于质疑，敢于提问，要消除自己怕提问、担心被嘲笑的心理疑虑，大胆地问，毫无顾忌地问，只要是质疑的声音，不管好与坏，不论对与错，都要积极思考。

2.善于提问

女孩应该掌握提问的方法，善于抓住重点，抓住关键处提问，向"真理""科学结论"提问，不能"浅问辄止"，而是刨根问底，多角度思考问题，多方位提问。提一些有价值的问题，有价值的问题就是通过表象看到实质的问题。同时，女孩要有充分的时间，这样才便于深入思考。

3.自己寻找答案

解疑就是按照提出的问题进行研究探讨，从而让问题得到圆满地解

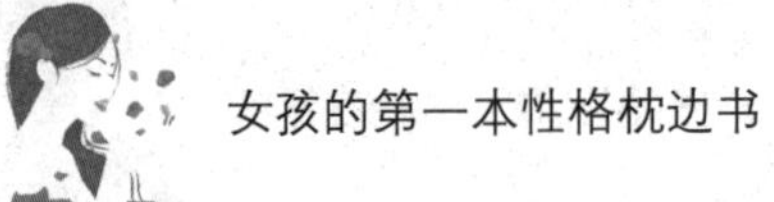

决。在这个过程中，女孩学会了探究的方法，提高了能力，体会到了成功的喜悦。而且，这有利于女孩在解疑过程中发表独创的意见，提出有创造性的问题。女孩可以通过课外书、电视、网络、老师等多种途径来解决问题。

4.再质疑

犹太人认为，“疑—质疑—解疑—再起疑—质疑—解疑”，这是一个反复的过程。女孩在探究过程中发现问题，在解释结论中再次产生问题。女孩就应该明白，一个问题讨论结束并不代表着这个问题就结束了，应再次提问，再次探究。

你的命运不被任何人主宰

阿济·泰勒摩尔顿说：“我希望情况变成什么样，然后就全身心投入，朝理想目标前进即可。”

心态是人们的心理态度，简单地说，就是人的各种心理品质的修养和能力。当然，心态还包括人的意识、观念、动机、情感、气质、兴趣等心理素质，因此，心态对人的思维、选择、言谈和行为动作等具有导向和支配作用。而恰恰是这种导向和支配作用决定了人们人生的繁盛与兴衰，决定了人们的命运。

许多年前，一位女性到美国罗纳州的一个学院给学生发表讲话。虽然这个学院规模并不是很大，但这位女性的到来使得本来不大的礼堂挤

满了兴高采烈的学生，学生们都为有机会聆听这位大人物的演讲而兴奋不已。

经过州长的简单介绍，演讲者走到麦克风前，眼光对着下面的学生们，向左右扫视了一遍，然后开口说："我的生母是聋子，我不知道自己的父亲是谁，也不知道他是否还活在人间，我这辈子所拿到的第一份工作是到棉花田里做事。"

台下的学生们都呆住了，那位看上去很慈善的女人继续说："如果情况不尽如人意，我们总可以想办法加以改变。一个人若想改变眼前不幸或不尽如人意的情况，只需要回答这样一个简单的问题。"接着，她以坚定的语气接着说："那就是我希望情况变成什么样，然后全身心投入，朝理想目标前进即可。"说完，她的脸上绽放出美丽的笑容："我的名字叫阿济·泰勒摩尔顿，今天我以美国女财政部长的身份站在这里。"顿时，整个礼堂爆发出热烈的掌声。

阿济·泰勒摩尔顿是一位女性，一位生母是聋哑人、不知道亲生父亲是谁的女性，一位没有任何依靠饱受生活磨难的女性，而恰恰是这位表面柔弱的女性成为了美国唯一一位女财政部长。说到自己的成功，她却只是轻描淡写地说："我希望情况变成什么样，然后就全身心投入，朝理想目标前进即可。"

有人说："积极创造人生，消极消耗人生。"或许，只有好心态的女人才能驾驭自己的人生，也才能收获幸福与快乐。"心态决定命运"，自然，良好的心态必将带来好的命运，好的一生。

枕边细语

1.走自己的路

每个人都应该有一条自己该走的路，千人一面的人是不会得到人们的欣赏的，只有特立独行才能吸引人们的注意。许多女孩不敢特立独行就是因为她们没有敢为天下先的勇气。抛开自己的成见，丢弃自己的怯弱，自己的人生还得自己来书写，女孩不要成为和别人一样的人，为什么不将自己的特色展现出来，为什么不让自己的优点凸现出来？

2.培养自己的雄心

有雄心是一件好事，这说明女孩有抱负，有宏伟的志向。有雄心的女孩会有坚强的意志去实现自己的目标，雄心会在潜意识中激发人的斗志。只要有雄心，目标就不再遥不可及。任何困难在有雄心的女孩眼中都不是困难，而是成功路上的垫脚石，有了这些垫脚石，就能更快更容易地取得成功。

3.保持乐观的心态

女孩生活中总会遇到这样或那样的挫折，比如跟朋友怄气、考试成绩下降了、被妈妈训斥了一顿，等等。对于这些小挫折，女孩应该保持乐观积极的心态，不要在乎这些事情，暂且忍耐一下就过去了，每天面带微笑地迎接新的一天。女孩应该知道，你怀着什么样的心态，那就决定着什么样的命运。

你不需要依赖谁

理查德·尼克松曾说：“我们有必要恢复我们的理想、命运和我们自身的信念。我们活在世上不只是为了享乐和自我满足。我们负有创造历史的使命——不漠视过去、不毁弃过去、不向过去倒退，而是发奋向前、积极向上，为未来开辟新的前景。”

独立生存能力就是女孩遇事有主见，有成就动机，不依赖他人就可以独立处理事情，积极主动地完成各项实际工作的心理品质，同时，它将伴随勇敢、自信、认真、专注、责任感和不怕困难的精神。

李菲说：“或者因为我在单亲家庭长大，自小就知道是妈妈独自一人将我和弟弟养大，她从来没有依靠过任何一个男人，所以，我从小到大的概念就是：女人一定要靠自己，即使以后有了男朋友，因为我们始终不知道缘分到何时会终止。而且，老了仍需要独自面对体力衰弱、健康问题，所以，女人要自强，最要紧的是经济独立。”

李菲看上去很美丽、聪慧、温婉，从外表上看，有些让人怀疑她的身份。但正是这样一个女人，却让江城房地产界刮起了最强烈的“美景天城”的旋风。或许，只有跟她说话，你才会感受到她那温婉之下隐藏的魅力：果敢、决断、大气和机智。而促使她最终走向成功的就是独立与自强，她说：“我认为美丽的女人应该是独立的，自强的。曾经有这样一句话：好女人是一所大学。一个独立自强心灵美的女人是一所大学，不但滋润着家庭，而且会在很多方面给周围的人带来启发。同时，她的美丽、睿智、学识还会在潜移默化中给孩子的成长带来极大的良性引导。”

一说到女孩的独立，人们总会想到一个高举红旗、坚决与男人进行抗争的女人形象。一直以来，这种形象在全世界被广泛宣传，于是，许多女孩觉得独立自强就是那个样子。其实，女孩的独立并不在于与男人的抗争中，而在于找准自己的位置。独立自强是一种人生境界，它需要女孩具备高素质的心态和新的价值观。

女孩的独立体现在生活、思想方面。首先，女孩应该思想独立，在思想上，需要有自己的想法独特的个性，但切记不可张扬；其次，女孩要生活独立，在家里自己的事情自己做，不要任何事情都依赖父母，尤其是那些力所能及的事情，更需要自己动手做，比如洗衣服、帮妈妈择菜、煮饭、打扫卫生等等。

枕边细语

1.在游戏中培养积极性

在平时的生活中，孩子不妨通过游戏来培养自己的积极性，比如干家务时与父母比赛，看谁做得又快又好。通过这样一些活动，培养自己独立自主的生活能力。同时培养自己的自我教育能力和时间观念，让自己懂得什么时候应该做什么事情且一定要做好。

2.培养独立意识

女孩需要长大，如果成为一个大孩子了，那在生活和学习方面不能完全依靠父母和老师，而是需要慢慢地学会生存、生活、学习和劳动。自己的事情自己做，遇到问题和困难自己要想办法解决。

3.合理安排闲暇时间

女孩不妨做一个理智的近期分析，看看自己短期之内达到了哪些目标，各种活动对自己发展的意义有多大等等，然后做出一些时间安排，并在执行计划中不断修改。女孩可以利用平时的闲暇时间，开展一些有益的活动，比如唱歌、跳舞、下棋等等，尽可能培养自己的兴趣爱好，让生活变得更充实。

4.培养生活自理能力

在平时的生活中，女孩们应学会自己铺床叠被，学会洗衣服，学会摆放碗筷、收拾饭桌等。隔一段时间，女孩可以整理一次东西，这样才能形成独立的生活能力。即便女孩做不好家务，但只要养成遇事全力以赴的习惯，就会对自己的性格产生积极的影响。

那些不可想象的事

富布赖特说："我们要敢于思考'不可想象的事情'，因为如果事情变得不可想象，思考就停止，行动就变得无意识。思考就像播种一样，播种越勤，收获也就愈丰。一个善于独立思考的女孩子一定能品尝到清甜的果实，享受到丰收的喜悦。"

爱因斯坦所说："学会独立思考和独立判断比获得知识更重要。"他还说，"不下决心培养思考习惯的人，便失去了生活的最大乐趣。"

独立思考是击破思维定式的有效武器，无论是在创新思考的开始，还是在其他某个环节上，当我们的创新思考活动遇到了障碍，陷入了某种困境，难以再继续下去的时候，往往都有必要认真检查一下：我们的头脑中是否有了某种思维定式在起束缚作用？我们是否被某种思维定式捆住了手脚？

枕边细语

1.学会独立思考

女孩在平时生活中要学会独立思考，每次遇到什么难题，都要留给自己思考的空间，而不是动不动就问父母或老师。当遇到一些事情或问题的时候，多问问“这是怎么回事”“假如是我，我会采用什么办法”“对这件事，我是怎么想的”。这样提出一些问题，引起自己思考，并逐步展开思考。即便自己很长时间没有思考出什么东西，也不要着急，休息一下，再思考时或许就有答案了。

2.培养自己的好奇心

孔子说过：“学而不思则罔。”这是学习与思考的关系，也说明了思考对于学习的重要性。好奇心是女孩子的天性，她们会不断地发问“为什么”，这时候不要因父母的压制就克制自己的好奇心，而应该培养自己的好奇心。选择独立思考的机会，积极思考探索，在思考中找出答案，有意识地培养自己独立思考的能力。

3.鼓励自己大胆发问

有人曾经问大哲学家穆尔，谁是他最得意的学生，穆尔毫不犹豫地回答：“是维特根斯坦。”“为什么？”“因为在我所有的学生中，只

有他一个人在听我讲课的时候，总是露出迷茫的神色，总是有一大堆的问题。”后来，维特根斯坦的名气超过了罗素，当有人问罗素为什么会落伍时，穆尔坦率地说：“因为他已经没有问题了。”

由此可见，女孩子的大胆提问有多重要，这样表明她是在积极思考的，鼓励提问是智力教育的一种重要方法。平时鼓励自己大胆提问，问得越多，知道得越多，就越能提高自己的独立思考能力。

人生阶段需要有想法

不管在任何关键的时刻，正确的想法都是解决问题的唯一途径。在现实生活中，我们常听人说，“我一天到晚都很忙，忙得都没有时间去想。”然而，就是“没时间去想”这五个字，却成为成功与失败的分水岭。

平庸的人只知道“埋头拉车”，而那些睿智的人却努力想出解决事情的最好方法。

枕边细语

1.有见解

在平时的生活中，遇到一些事情，女孩要善于提出自己的见解，哪怕你觉得这个见解并不完全合适，也需要大胆说出来，要的就是与众不同。比如在上课时，当老师针对一个问题提问的时候，女孩心中有了答案，不要退缩，而应该大声说出自己的答案。

2.多阅读书籍

女孩通过广泛地阅读可以获取各种知识，毕竟知识是一个人思想的材料，所谓“思而不学则殆”，建立完整的、系统的知识结构对女孩思考问题非常重要。在课间或周末休息时候，女孩应该保持每天阅读的习惯，所涉猎的书籍可以是天文地理、文学读物等。

3.增加自己的阅历

你已经成年了，那就要有意识地增加自己的阅历。不要怕害羞，也不要总是宅在家里，而是跟着父母走出门，比如跟随父母参加聚会、活动等。即便没有父母的陪伴，女孩也可以与同学、朋友一起去郊游，甚至策划一些聚会活动。对于一些社会公益活动，女孩应该积极主动参加，因为这样会使你受益不少。

4.多认识几个志同道合的朋友

俗话说：“近朱者赤，近墨者黑。”每个班级都会有一些品学兼优的学生，女孩要善于与这样的学生为伍，多听听他们对一些问题的看法，平时也可以与他们交流一下关于某书籍的观后感。女孩要善于汲取别人好的见解，综合自己的想法，提炼出独立的思想。这样时间长了，自己自然就会成为有想法的女孩。

第03章

积极乐观——心有晴天，便无风雨

年轻女孩需要积极乐观，哪怕在学业、工作中遇到一些挫折，也不要沮丧，要知道这个世界上有着许多比你还不幸的人，只要可以抬头看到阳光就可以说是幸福的，挫折和困难比起一个人的人生，只不过是小插曲。心有晴天，便无风雨。

做向日葵般温暖的女孩

生命的完整，在于宽恕、容忍、等待和爱，如果没有这一切，即使你拥有了一切，也是虚无。生活中，每个人都不过是一个凡夫俗子，怎么会有那么多烦心的事情呢？有什么值得烦恼的呢？

德国哲学家康德曾说：“发怒，是用别人的错误来惩罚自己。”或许，别人的错误是应该受到惩罚，但并非一定要通过自己的生气来实现，而且，生气并不能达到惩罚他人的目的。既然错误在于别人，自己为什么要生气呢？难道自己发了很大的脾气，对方就能受到惩罚了吗？

结果恰恰相反，气得大哭，红肿的是自己的眼睛；气得一个人喝闷酒，伤害的是自己的身体；气得丧失理性，疯狂购物，挥霍的是自己的钱财，其实，这都是对自己的惩罚。而且，生气非但解决不了问题，反而会把问题弄得更加复杂。所以，面对他人有意或无意造成的错误，请学会开心，这样，生活的天空就会时常出现美丽的彩虹。

王太太心眼小，平时总为一些事情无端生气，而且每一次负面情绪来袭的时候，她都没办法控制自己。时间长了，王太太的脾气越来越

差，与家人、朋友的关系也变得疏离了，她感到自己应该改掉坏脾气。

于是，她去山上的寺庙，请求大师帮助。她先是将自己的委屈、烦恼全部诉说出来，大师听了，一言不发，将她带到一间屋子，沏好茶，让她先坐一会儿，然后大师就忙别的事情去了。王太太刚开始还能安静地坐着喝茶，看看房子里的摆设，或看看天花板，打发时间。很快，半个小时过去了，大师还没过来，王太太有点儿坐不住了，开始焦躁不安，她左顾右盼，希望大师能早点儿过来。

又过了半个小时，王太太忍不住了，她站了起来，在房间里走来走去。她觉得控制不住自己的脾气了，一会儿大师来了，肯定要大声问："你怎么才来？"甚至她已经想好了如何去发泄自己等了那么久的不耐烦了。

又过了一个小时，大师终于来了，开口就问："你生气吗？"王太太回答说："我生气的是我自己，我真是瞎了眼，怎么会到你这种地方来受罪。"大师的眼睛看着远处，说道："连自己都不原谅的人怎么能心如止水？"说完，拂袖而去。过了一会儿，大师又来了，问道："还生气吗？"王太太回答说："不生气了。"大师追问："为什么？"王太太无奈地回答："气也没有办法呀。"大师点点头，说道："但是，你的气并没有真正消逝，那气团还压在心里，爆发后将会更加剧烈。"说完，大师又离开了。

大师再次来到门前，王太太主动告诉大师："我不生气了，因为这根本不值得。"大师笑着说："还知道值得不值得，可见你心中还有衡量，还是有气根。"王太太不解，问道："大师，什么是气？"这时，大师打开了房门，将手中的茶水洒在地上，王太太想了很久，恍然大悟，向大师叩谢而去。

在大多数的时候，生气并不能真正地解决问题，即使心中有气，问题也未必能够得到解决。而且，生气是一件不值得的事情，既然生气了还是不能解决问题，那为何不怀着一份开心的心情来面对呢？在积极乐观的心态下，或许会对解决问题有良好的助推作用，同时，我们摆脱了“气团”的打扰，重新获得了一份愉快的心情，这何尝不是一件美事呢？

枕边细语

1.女孩，凡事不可尽如人意

一个人在烦恼时都有这样或那样的理由：受到了不公正的待遇会烦恼，受到了他人的辱骂会烦恼，受到了朋友的欺骗会烦恼等等。只要一个人还活着，他就免不了要遭受这样或那样的烦恼，但是，我们要知道很多时候，烦恼只来自于我们的内心，本来凡事不可尽如人意，又何必要烦恼呢？何故要抛弃开心呢？而且，烦恼并不是一件皆大欢喜的事情，既伤自己的身心，还会给身边的朋友带来忧虑。所以，学会为生活多增加一些阳光雨露，开开心心，不要烦恼，烦恼的天空是看不见美丽的彩虹的。

2.不在意烦恼，它自会消失

哲人说：“生命的完整，在于宽恕、容忍、等待和爱，如果没有这一切，即使你拥有了一切，也是虚无。”生活中本没有那么多的烦恼，

而是心境选择，烦恼才会源源不断，从而使我们的生活开始不得安宁。如果你能仔细回想每一件事情，你会发现，原来上天也很眷顾自己，亲人一直陪伴左右，朋友也从未主动离弃。为什么一定要烦恼呢？烦恼是一种奇怪的东西，若是吞下去会觉得反胃；若你根本不在意它，那么它会主动消失。

3.快乐烦恼，皆由心生

如果你总是任由内心的烦恼横冲直撞，那么，乌云将笼罩整片天空；如果根本不在意烦恼的存在，那么，美丽的彩虹会重归生活。人生的快乐是享受不尽的，哪里还有多余的时间去烦恼呢？在任何时候，我们都应该永远记住：快乐烦恼，皆由心生。

可以选择的是心情

女孩需要记住，人生就像一朵鲜花，有时开，有时败，有时候面带微笑，有时候却低头不语。其实，人生就是这样，无论我们处于什么样的境地，只要学会看情绪晴雨表，学会调节出好心情，你会发现，人生远没有想象中的糟糕，而我们所遭遇的那些根本不算什么。

有人这样抱怨："这天老是下雨，还要不要人活啊，今天出门的计划又泡汤了。"而在街头的另一处风景中，一位少女正撑着雨伞散步，小脚丫在雨水中快乐地奔跑。我们发现，"下雨"这个事实并没有改变，少女所改变的不过是自己的心情，像天气预报一样，情绪也有晴雨

表，要想自己拥有一个好心情，我们要善于选择“晴朗的天气”，而不是沮丧的“雨天”。

杯子里有半杯酒，一个酒鬼来了，看见就摇了摇头，十分沮丧：“唉，只有半杯酒。”一会儿，又来了一个酒鬼，看到半杯酒兴奋地说：“太好了，还有半杯酒。”杯子里依然是半杯酒，但是，因为心境不同，心情自然大有不同。

从前，有一位禅师，他十分喜爱兰花，在平日讲经之余，禅师花费了许多时间来栽种兰花，弟子们都知道禅师把兰花当成了自己生命的一部分。

有一次，禅师要外出云游一段时间，在临行前，禅师特意交代弟子：“要好好照顾寺庙里的兰花。”在禅师云游的这一段时间里，弟子们都很细心地照料着兰花，但是有一天，一位弟子在浇水时不小心将兰花架碰倒了，于是，所有的兰花盆都跌碎了，兰花也洒了满地。弟子感到十分恐慌，并决定等禅师回来后，向禅师赔罪。

过了一段时间，禅师云游归来后听说了这件事，便立即召集了所有的弟子们，非但没有对那位弟子责怪，反而安慰道：“我种兰花，一是希望用来供佛，二是为了美化寺庙环境，不是为了生气而种兰花的。”

禅师喜欢兰花，是一种情感的自然释放，并不是为了生气而种兰花的。因此，即使弟子不小心弄坏了兰花，禅师也选择了快乐的心情，他不仅没有生气，反而安慰弟子们。面对兰花这件事情，禅师选择了坦然的心情，自己虽然喜欢兰花，但心中却没有烦恼这个障碍，所以，失去了兰花并不会影响自己的情绪，禅师依然有一份难得的好心情。而且，

深知情绪晴雨表的禅师明白，自己即使生气又有什么用呢？反而会乱了自己的心情，坏了情绪，不如选择一份快乐的心情，以坦然的心境面对一切，这样，我们才能收获人生的幸福与快乐。

枕边细语

1.选择快乐的心情

心情，与生活一样，是可以选择的，即使事情变得十分糟糕，我们也依然可以选择以快乐的心情面对。这样，我们既能看清楚事情的真实情况，而且，积极乐观的心态也可以帮助我们更好地解决问题。

2.调节情绪晴雨表

每个人的心中都有一份情绪晴雨表，只是，我们常常习惯于看见阴郁的雨天，而忘记了晴朗的那片天空，于是，我们的情绪也变得阴郁起来，不由自主地以悲观、消极的心态来面对生活。如此一来，那些本来看起来十分细小的事情，也会让我们火气大发，甚至，如果阴郁的心情蔓延开了，就会逐渐影响我们身边的人。

3.打开另一扇窗户

人生，注定是一条充满曲折、困难的路，或许，烦恼无所不在，但是，面对这样一些事情，我们能够尝试着打开心灵的另一扇窗户，以一种积极、乐观的心态去面对，你会发现，所谓的烦恼根本不存在。人生依然无限美好，问题的出现并没有改变我们的好心情。

改变思维模式，成为更好的自己

曾经有两个囚犯，从狱中望窗外，一个看到的是满目泥土，一个看到的是万点星光。前者悲伤而死，后者欢笑一生。不同的处世态度，不同的思考方法，导致的结果往往大相径庭。态度是长期培养的，而想法则可以在灵光一现间给你带来巨大的突破。

一般人认为，拾破烂的一定是穷人，一辈子都得干这个，不仅抬不起头来，而且更不会发家致富。靠拾破烂成为百万富翁，那简直就是违背了客观规律，简直是近乎天方夜谭的事。可是，真就有人做到了。

每一个人眼中都有一个与众不同的“小宇宙”，不同的人在各自的“小宇宙”中发现着不同的色彩，演绎着各自的人生。

英国曾举办了一次有奖征答活动，题目是这样的：在一只热气球上，载着三位关系着人类生存和命运的科学家。一位是环保专家，如果没有他，地球在不久之后会变成一个到处散发着恶臭的太空垃圾场；一位是生物专家，他能使不毛之地变成良田，解决几亿人的生存问题，还能够运用基因技术使人的寿命延长到200岁；一位是国际事务调解专家，没有他的存在，各个军事大国的矛盾可能就会一触即发，地球将面临核战争的阴影。但是，不幸的是，三位专家所乘坐的热气球发生了故障，正在急速下坠，除非把其中一个人扔出去，也许还有可能脱离危险，问题是，把谁扔下去呢？

到底该把谁扔下去呢？下面的孩子们想了起来：环保专家很重要，没有他人类将会灭亡；可是，生物专家解决的可是生存问题，没有了粮

食人类就会饿死；而国际调解专家也很重要，如果发生了核战争，人类也将会灭亡。这时，一个小男孩说出了正确的答案："把最胖的一个扔下去。"

有时候，我们凭着传统的思维来解决问题，常常会感到无所适从，谁知，机会往往会在你犹豫不决时悄然离去。如果我们都能像那个小男孩一样，跳出常规思维，多角度去思考和解决问题，用一种全然不同的思路和方法去解决问题，可能就会有豁然开朗的感觉。哈佛告诉我们：多角度看问题，我们常常会获得意外的惊喜。

枕边细语

1.思维模式决定你的命运

有什么样的想法，就会有什么样的命运。对于现今的生活，很多人都在不停地抱怨。工作的时候，抱怨没得到满意的待遇；失业的时候，抱怨老板不讲情理；应聘的时候，抱怨好运不垂青自己。总之，人生灰暗，似乎怎么努力都不过是死水一潭。

2.善于改变自己的思维

思想有多远，你就能走多远，不同的思维决定不同的出路。一个人在做事之前，一定要善于变换角度看问题，学会变通是跨越生命障碍走向成熟的重要一步。激动人心的成功总是和出类拔萃的创意联系在一起的，善于改变自己的思维，就会取得非同一般的成效。

3.思维别被束缚，多种角度看问题

老师在黑板上画了一个圆点。老师问学生："你们看见了什么？"

全班同学一起回答："一个圆点。"老师说："你们只说对了一部分，画中最大的部分是空白，只见小，不见大，就会束缚我们的思考力，许多人不能突破自己，原因就是在这里。"很多时候，传统的思维定式会束缚我们的想象力，而多种角度看问题，我们可能会有新的发现。

抬头看看你所拥有的

似乎风景都在别处，在生活中，年轻女孩总是不由自主地去羡慕、嫉妒别人所拥有的东西，嫉妒别人的工作，嫉妒同学家的新房，嫉妒别人的车子，可是却忽略了一点，我们自己也有别人嫉妒的地方。所以，真的不要去羡慕、嫉妒别人，守住自己所拥有的，清楚自己真正想要的，我们才会真正地快乐。

周国平说："伟大的成功者不易嫉妒，因为他远远超出一般人，找不到足以同他竞争、值得他嫉妒的对手。一个看破了一切成功之限度的人是不会夸耀自己的成功，也不会嫉妒他人的成功的。"嫉妒，是我们为了竞争一定的利益，对相应的幸运者或潜在的幸运者怀有的一种冷漠、贬低、排斥，甚至是敌视的心理状态。换句话说，嫉妒是由于他人胜过了自己而引起的消极情绪体验，当看到同事比自己有能力时，心里就会酸溜溜的，很不是滋味，不自觉就会对其产生憎恶、羡慕、愤怒、怨恨、猜疑等等一系列复杂情感。然而，别人拥有的不一定适合自己，不如随他去吧。

从前，有一位贫穷的农夫，他有一位非常富有的邻居，邻居有很大一个院子，有一栋非常漂亮的房子，还有一辆漂亮的马车。对此，农夫十分嫉妒邻居，心想：他一个人住那么大的房子，可我呢？一家五口人拥挤在一个小草房里，上天真是太不公平了。每次遇到这位邻居，贫穷的农夫都会冷漠地走开，似乎这样一种姿态就可以满足自己的自尊心。到了晚上，农夫就开始痛苦了，他翻来覆去就是睡不着，总想着自己能住上邻居那样的大房子，或者，他向上天祈祷，让那位富有的邻居变得像自己一样贫穷吧，不然，自己会被嫉妒之心气死的。

后来，村子里来了一位智者，据说，他能给那些痛苦的人指引道路，从而让他们过上快乐的日子。农夫觉得自己也应该去看看，来到那里，发现人们已经排了很长的队伍，而排在自己前面不是别人，就是那位邻居。农夫感到很奇怪："这样一位富有的人也会感到痛苦吗？"过了半天，邻居进去了，农大还在外面等着，可是，直到太阳下山，邻居还没有出来，农夫的嫉妒又开始了："上帝真是不公平，怎么智者就跟他说了这么多。"终于，邻居出来了，那位富人的脸上显露了从未有过的笑容。

农夫心中一动，急忙走了进去，智者说："你为何而痛苦啊？"农夫回答说："我总是看我那位邻居不顺眼。"智者微笑着说："这是嫉妒在作怪，你需要做的就是克制自己，想想自己所拥有的东西。"农夫十分生气："智者啊，你怎么也那么偏袒他呢？给我的邻居那么多忠告，却只给我简单的两句话。"智者说："你一进来，我就猜到你是为什么而痛苦，贫穷所带来的嫉妒，可是，那位富人进来，我只看到他殷实的外在，看不到他精神的匮乏，详细询问了才知道他的症结所在。”农夫不解：“他也会感到不快乐吗？”智者说：“当然，虽然他比你富有，房子比你大，但是他只有一个人，而你呢？还有贤惠的妻子和可爱的孩子，现在，你想想，你所拥有的是不是他所缺乏的，这样一想，你就不会痛苦了。”听了智者的话，农夫心中释然了，他感到快乐的日子离自己不远了。

农夫的嫉妒只会让自己远离快乐，陷入痛苦的深渊，他所看见的都是某些方面，而忽略了可以让自己快乐的因素。在这样的心理状态下，他会认为凡事都是邻居好，自己似乎什么都差劲儿，而经过智者的点拨，他发现原来在自己身上，还隐藏着一些宝藏，而这些都是那位富裕邻居所缺乏的，自己还有什么好嫉妒的呢？

枕边细语

1.别忽略眼前的幸福

我们常常为那些不存在的东西而怨恨他人。有的人嫉妒邻居买了新房子，却忽略了自己有一个温馨的家；有的人嫉妒同事买了豪车，却忽略了有一个骑着摩托车的男友接自己上下班；有的人嫉妒朋友有美丽的外表，却忽略了自己温和的好脾气。很多时候，我们对他人产生嫉妒之心的时候，其实就已经踏进了痛苦的陷阱了，因为你已经忽略了眼前的幸福。

2.珍惜你所拥有的

一般而言，好嫉妒的人不能容忍别人超过自己，害怕别人得到了自

己无法得到的名誉、地位等等，因为在他们看来，自己办不到的事情别人也不要办成，自己得不到的东西别人也不要得到。然而，在这个世界上，每个人都是独特的，或许，从某一方面来看，对方是比自己优越，但是，在另外一些方面，自己所拥有的却是对方未必能得到的。

3.别人拥有的未必适合自己

别人所拥有的并不是适合自己的，而我们所拥有的才是最好的，至少它能够长久地陪伴在我们身边。如果你总是舍弃自己，嫉妒他人所获得的东西，你就会发现，自己什么也没有得到，反而徒增了许多烦恼。所以，做最独特的自己，没有必要心生嫉妒，因为你拥有的他却未必能得到。

逆境是另一种希望的开始

在人生的道路上，挫折和逆境都是在所难免的，而那些磕磕绊绊、坎坎坷坷也是我们无法预料的，但是，我们一定要牢牢记住：怀抱希望，永不绝望。在遭遇逆境的时候，不要为此沮丧忧虑，不管发生了什么事情，无论自己的处境多么糟糕，都不要沉溺在绝望中无法自拔，千万不要让痛苦占据你的心灵。心怀希望，当困难来临的时候，我们才有勇气直面困难、打倒困难，并以顽强的意志战胜困难。

亚伯拉罕・林肯在竞选参议员失败后这样说道：“此路艰辛而泥泞，我一只脚滑了一下，另一只脚也因而站不稳；但我缓口气，告诉自己‘这不过是滑一跤，并不是死去而爬不起来’。”因为他怀抱着必胜的希望，所以，他的人生从来没有绝望过。

回看林肯的一生，似乎全是逆境的生存，但是，在任何时候，林肯都没有放弃过，他始终怀抱着必胜的希望。虽然，与逆境相抗的过程给我们带来了压力和痛苦，但是，这些难忘的经历却有可能让我们赢得成功。

阿坚为老板做事。有一次，阿坚在擦桌子时不小心碰碎了老板一个非常珍贵的花瓶。老板向阿坚索赔，阿坚哪里能赔得起。最后被逼无奈，只好去教堂向神父讨主意。神父说：“听说有一种能将破碎的花瓶粘起来的技术，你不如去学这种技术，只要将老板的花瓶粘得完好如初，不就可以了。”

阿坚听了直摇头，说：“哪里会有这样神奇的技术？将一个破花瓶粘得完好如初，这是不可能的。”神父说：“这样吧，教堂后面有个石壁，上帝就待在那里，只要你对着石壁大声说话，上帝就会答应你的。”

于是，阿坚来到石壁前，对石壁说：“上帝请您帮助我，只要您帮助我，我相信我能将花瓶粘好。”话音刚落，上帝就回答了他：“能将花瓶粘好，能将花瓶粘好……”

阿坚听后希望倍增、信心百倍，于是辞别神父，去学粘花瓶的技术了。一年以后，阿坚终于掌握了将破花瓶粘得天衣无缝的本领。他真的将那只破花瓶粘得像没破碎时一般，并且还给了老板。

难道真的是上帝回答了他吗？其实，他想要感谢的是他自己，那块石壁只不过是一块回音壁，他所听到的上帝的回答，其实就是他自己的声音。只要心中的信念在，希望就在。许多人陷入了逆境，总是悲观绝望，给自己增加很大的压力。

事实上，逆境是另一种希望的开始，它往往预示着美好的明天。你只需要告诉自己：希望是无处不在的。那么，再大的困难也会变得渺小，再糟糕的处境也会有所好转。

枕边细语

1.人生不能没有希望

魏尔仑说："希望犹如日光，两者皆以光明取胜。前者是荒芜之心的神圣美梦，后者使泥水浮现耀眼的金光。"要知道，每一个明天都是希望，无论自己身陷怎么样的逆境，都不应该感到绝望，因为我们还有许多个明天。只要未来有希望，人的意志就不容易被摧垮，前途比现实重要，希望比现在重要，人生不能没有希望。

2.绝境中找到希望之花

只要你保存希望，你就永远不会有绝望。生活中，每个人在某个时刻都会面临绝境，但它往往并不是真正的生命绝境，而是一种精神和信念的绝境。只要你的精神不倒，保存希望，即使在绝境中，也能寻找到希望之花。

女孩，别开错了窗户

一位小女孩趴在窗台上，看窗外的人正在埋葬她心爱的小狗，不禁泪流满面，悲痛不已。外公见状，连忙引她到另外一个窗口，让她欣赏他的玫瑰园。果然，小女孩的心情顿时明朗。老人托起外孙女的下巴，慈祥地说："孩子，你开错了窗。"

其实，生活就像是硬币的两面，一面是快乐，一面是悲伤。但是，在生活中，因为眼界太狭窄或目光太短浅，我们也常常像小女孩一样开错了窗，看到那悲伤的一幕便情绪低落，萎靡不振。然而，如果我们能开阔眼界，以积极的心态试着打开另一扇窗户，换一个角度看问题，或许，我们会看见如画的美丽风景。很多时候，我们感到痛苦消极，那是因为我们目光太短浅了。我们只专注于眼前，而忽略了长远的打算，于是，总是为着失去的东西而痛苦不堪。

有个人在一次车祸中不幸失去了双腿，当所有人都对他的厄运表示同情，对他的未来充满担忧的时候，他正积极地为自己寻找着新的出路。

他的脸上没有痛苦，更没有绝望。周围的人很是好奇，对于一个失去双腿的人来说，生活无疑已经没有了色彩。

但他却笑着说道，"这事确实很糟糕。但是，我却保存下了性命，并且我可以通过这件事认识到，原来活着是一件多么美好的事情——我失去的只是双腿，却得到了比以前更加珍贵的生命。"

虽然，对于他来说，失去双腿是一种无法扭转的无奈，甚至还伴随

着撕心裂肺的疼痛。但是他并没有为此感到痛苦消极，而是从长远的眼光里领悟到了生命的真谛：即使自己失去了双腿，但是自己还活着，这又何尝不令人感到快乐呢？

在人生的路上，有着太多的得，也有太多的失，许多人一直都在计较着得与失，所以，每一天都在抱怨、懊悔中度过，在他们漫漫人生之中，没有哪一天能够真正地快乐。

枕边细语

1.事情总有两面性

在上帝看来，即使生命已经殆尽，却是一切永远的开始。狂风之后，一棵老树轰然倒下，多少人叹息着老树生命结束，不由自主地感叹起自己的命运来。但是，如果你换个角度，以长远的眼光看，你会发现一棵幼苗会在这棵老树倒下的地方重新生根发芽，新的生命才刚刚开始。今年的逝去是为了明年能够花红满树，桃李芬芳。这样一想，是否会觉得快乐些呢？

2.令你痛苦的是短浅的目光，而不是生活

无声的年华岁月将我们带走，看尽了繁华落尽后，我们才感叹：原来自己从来没有快乐过。对于那些失去的，得不到的，为什么不能以一种长远的眼光去看待呢。保持内心良好的状态，你会发现，令自己痛苦的是短浅的目光，而不是生活。

第04章

自尊自爱——爱你自己，而后爱人

对年轻女孩而言，需要自尊自爱，先爱你自己，而后才是爱人。女孩应该活得坦坦荡荡，不向别人卑躬屈膝，也不允许别人的歧视、侮辱。自己爱自己，尊重自己，才会得到他人的爱护和尊重。

你的美丽源于自爱

王尔德说过："爱自己是一场终身恋爱的开始。"年轻女孩应得懂得自尊自爱，如此，你才能更好地爱别人，也才能受到他人的尊重。一个懂得自爱的女孩，她的人生风景会更丰富、更温暖，会有春华秋实，会有感动，会拥有爱。若一个女孩不懂自尊自爱，那么，生活回馈给她的将会是冰冷的孤岛，自己将被孤独与痛苦所围困。

女人到了一定的年龄，漂亮就会从指缝儿中流失，但自尊自爱的女孩却拥有相当的底蕴和美丽，那就是来自内心的那份从容、自信，由内而外自然地散发出来，这样的美丽是容颜无法带来的惊叹。自爱的女人是美丽的，她们懂得如何打扮自己，这样的打扮并不仅仅是外表，而是由外表到内心，在进退自如、举手投足之间，都洋溢着优雅、热情与智慧。

李亦非曾经说："我的美丽就是缘于自爱。"让人不得不佩服这个标榜着自爱的女人，无论从内看还是从外看她都有种别致的美丽，有人问她，你美丽的心得是什么？她骄傲地将美丽的心得公布开来：再忙再

累也不要忘记关爱自己，女人懂得自爱很重要，与你全身的皮肤和脸蛋一样重要。

现在，李亦非每天都会做全身保养，这样会让皮肤有足够的水分，保持清爽白净。她偏爱SK-Ⅱ护肤品、法国天使牌香水、GUCCI鞋子，她觉得女人在内外统一的时候，是最美丽的时候。她一直是这样，坚持自爱，热衷于追求时尚，喜欢做精致的指甲和漂亮发型。

如果你与李亦非聊天，不仅仅会从她那里得到快乐的传递，还有智慧的交锋，她坦言“我没有寂寞的夜晚”，这句话令很多人感动得不得了，因为没有人不感到过寂寞，但她却可以独自一个人品尝着生活的快乐，因为自爱，她是健康美丽的，不仅仅是外表，还拥有健康美丽的心态。她是一个爽爽朗朗将智慧倾囊捧出的女人，无论她说了什么，你都能感受到她语言背后智慧的心思。

李亦非的美丽是一种别致的美丽，因为自爱所以美得别致。自爱是女人最高贵的资本，懂得自爱的女人会把自己打理得如沐春风，懂得自爱的女人拥有一份难得的洒脱，自爱的女人总是一个人品尝着生活的酸甜苦辣。但是，她永远不会感到寂寞，因为她拥有一份健康美丽的心态。

现实社会真的很残酷，金钱让许多女孩抛弃了独立的生活能力，走进了男人的世界。有人说：“男人爱女人是一种心理需要，而女人爱男人则是为了钱，为互相攀比，为了过上衣来伸手，饭来张嘴的生活。”可是，女人放弃了自己劳动的能力，甚至抛弃了自尊，这样就真能过得幸福美满吗？在很多时候，女人就真的如社会给她所定义的那样柔弱，她们在纸醉金迷的世界里迷失了自我，为了感情、为了金钱，她们可以付出一切，包括自己的尊严。

周末，梅子找到了朋友，悲愤地控诉了老板对她一而再再而三、变本加厉地羞辱和不尊重，她说："我正在考虑还要不要继续留在那里，为了挣那几百块钱忍受他的羞辱。"朋友任由她发泄，心中不以为意，其实，朋友早就看不惯她与老板那种君不君、臣不臣的暧昧关系了。以前，朋友劝了梅子很多次，让她不要跟那种老板纠缠不清，但梅子沉浸于这样的游戏并乐此不疲。

朋友当然知道，梅子现在的伤心难过都只是暂时的，她说的考虑之词也不过是随口说说而已。所以，朋友任由梅子发泄，一句话也不说，梅子似乎很不满意朋友的态度，追问着："你说，我该怎么办？"朋友淡淡地说："如果你真的想改变这种不被人尊重的生活，那么，你首先要从你自身的角度去改变，什么是你该做的，什么是你不该做的，你自己要分清楚。做到自尊自爱，找对了自己的位置，别人才会正视你的价值。"

梅子听了朋友的话，神色有点黯然。

在这个世界上，每一个人，尤其是女人要想得到别人的尊重，首先要学会尊重自己。其实，梅子的伤痛何尝不是某些女人的伤痛，如果你总是这样不懂得自尊自爱，最终会在这样的游戏中迷失自己。女人，要找准自己的位置，找回迷失的自己，懂得珍惜自己，保护自己。只有自尊自爱，才会让你避免那些不公平的责难与羞辱。

枕边细语

1.女孩，学会自尊自爱

女孩，要学会自尊自爱，做一个受人尊敬的人。试想，如果一个失去了自尊、不懂得自爱的女孩，凭怎么去指望得到别人的爱呢？女孩的自尊自爱，就是即使面对伤害，也能为自己点燃明亮的火柴；即使失去了，也会重新鼓起勇气，勇敢地站起来。

2.尊重自己，同时赢得尊重

做一个自尊自爱的女孩，即便是一杯苦咖啡也能喝出情调，即便是一次傍晚散步也能踏出诗情画意。自尊自爱的女孩，她把每一次恋情都演绎至纯净，把每一件衣服都穿出品位，把每一款饰品都戴出光彩与尊贵。

自尊自爱的女人，她同样诠释着女人的不同角色，而且堪称完美演绎，她会是一个好女儿，好恋人，是姐妹的知心，是异性的知己。做一个自尊自爱的女孩，你在珍惜自己，爱护自己的同时，会赢得所有人对你的尊敬与敬重。

女孩，请先爱你自己

卢梭曾说：“人一生可以说共诞生过两次：第一次是为生命而诞生，第二次则是为生活而诞生。正因为人诞生两次，所以人的自尊自爱

也就发生两次：第一次的自尊自爱是相对于自然生命的，而第二次的自尊自爱则是相对于人的社会生命的。如果你生命中的第一次自尊自爱没有发生的话，那么第二次自尊自爱也就无从说起了；只有第一次自尊自爱的人也不可能放出人性的光辉。人诞生两次才能算是一个完整意义上的人，而自尊自爱也只有发生两次才能发展成为一个真正统一的、完美的人生。”

每个女孩都希望得到别人的尊重和爱，确实，只有从别人的身上体会到了尊重和爱，这样的人生才有意义，才会快乐。不过，许多女孩在追求这种尊重和爱的时候往往忽略了一个十分重要的前提，那就是自尊自爱。

有一个叫卡拉的女孩子，在卡耐基所居住的镇上十分有名，大家都叫她疯丫头。还不到20岁的卡拉在一所中学里念书，她是一个非常漂亮的女孩子，在交男朋友方面总是很豪爽、不拘小节。有人曾说：“这个小镇上人杰地灵，出过很多优秀的男孩。可是，如果你没有成为卡拉的男朋友，那么你就永远算不上这个镇上真正优秀的男孩。”听说，卡拉交的男朋友完全可以组建一个小公司，而且每个人都那么出色，但卡拉从来没真正地对待过感情，在她看来，恋爱不过是一场游戏而已。卡拉和每个男朋友相处的时间都不会超过3个月，当她感到厌烦的时候，就会寻找下一个新的目标，卡拉的整个青春期都是在这种浑浑噩噩的状态中度过的。

后来，卡拉到了谈婚论嫁的年龄，不过让她感到惊讶的是，竟然没有一个男人愿意娶她，连一直对她死心塌地的男人也不愿意，他们告诉

卡拉：你只适合当情人，而不适合当妻子。因为没有一个人会愿意娶一个不自爱、没有尊严的女人。那些男人之所以疯狂地追求卡拉，只是为了寻找新鲜感和刺激罢了，至于结婚，他们和过去的卡拉一样，从来没有考虑过。

卡拉后来怎么样了呢？她的处境非常糟糕，因为她自己的原因，没有人愿意娶她，实在没办法，她只好嫁了个又穷又丑的男人。那个男人是个十足的恶棍，酗酒、赌博而且还吸毒。后来，男人为了满足自己的需要，竟然逼迫卡拉去做妓女。当卡拉不愿意的时候，那个男人竟然说：“少在这里装清高，谁不知道你的老底？其实，你早就已经成为大家公认的妓女了。”尽管卡拉感到伤心，不过她已经没有选择，因为她也要生存。这一切能怪谁呢？只能怪卡拉自己。

现实生活中，女孩要养成自尊自爱的习惯。因为只有懂得自尊自爱的女孩，才会在生活中树立起自信，才能自强不息。而且，只有懂得自尊自爱的女孩，才能得到别人的尊重和爱。

女孩只有懂得了自尊自爱，才能真正珍惜自己的生命和人格，才会真正意识到生命的价值，才会有勇气面对人生。不仅如此，女孩懂得了自尊自爱，就一定可以维护自己的正当权利，且勇敢地承担起做人的责任。

琳达在一次舞会上认识了罗杰，并对罗杰一见钟情，认定他就是自己生命中的白马王子。两个人的感情发展得很快，认识的第一天晚上就同居了，在开始的那段时间，琳达和罗杰确实度过了一段甜蜜的时光。

不过，好景不长，琳达很快就发现罗杰有事情瞒着自己。她后来

得知，原来罗杰是一个有家室的人，许多朋友都劝琳达离开罗杰，不过琳达根本听不进去，她坚持认为自己和罗杰是真心相爱的。罗杰向琳达提出了分手，但已经陷得太深的琳达根本无法自拔，不论罗杰怎么打骂她，琳达就是不同意。最后，罗杰告诉她，只要她能够拿出10万美金，那么他就愿意和妻子离婚。为了找到自己的幸福，琳达四处借钱，终于凑够了10万美元。但是，现实却跟她开了个玩笑，罗杰在拿到钱之后就彻底消失了。

临走前，罗杰留下一张纸条，上面写道："这一切的结果都是你自己造成的，我认识你的时候正是最失意的时候，因为我和太太当时的感情很不好，而且已经决定离婚。本来，我还以为你是我的第二次真爱，可是事实却让我失望。我们才认识一天，你就已经和我同居了，这让我感到你是一个轻薄放浪的女人。我已经和你说得很清楚了，我们不可能在一起，可你非要坚持，而且不管我怎么辱骂你，你从来都没有反抗过，甚至还愿意筹集那10万美元。这一切让我觉得你是一个没有自尊的女人，一个没有自尊且不自爱的女人有什么资格得到一个男人的爱？你不过是一个玩偶而已。"

琳达为自己的行为付出了代价，而且是十分惨痛的代价。假如琳达想得到真正的幸福爱情，那么她首先就要学会自尊自爱。女孩需要有一种平等的心态，这种平等意味着两者之间在地位上、感情上没有高低贵贱之分，而平等的来源就是自尊。假如为了得到某些东西，哪怕是爱，而放弃自己最起码的做人的尊严的话，那么你的人格也就荡然无存了。这样一来，你不仅得不到对方的认可和尊重，反而会成为对方眼中一个

毫无尊严、卑躬屈膝的人。更可怕的是，这样的人格尊严一旦失去了，就再也不可能找回来了。

枕边细语

1.正确爱自己

当然，自尊自爱并不等于傲慢无礼、目空一切，所谓的自尊和自爱指的是既要尊重和爱自己，也要尊重和爱别人。自尊自爱的目的是不让自己受太大的委屈，也不让自己放弃做人的尊严。想要让你的生命有意义，想要做一个优雅的女孩，那就必须首先学会自尊自爱。

2.多爱自己

自爱，就是爱自己，对自己好一点，从而将自己的生活变得美好、精彩，过着有品质和有品位的生活。女孩千万不要因为受到一点点伤害就自暴自弃，不要为了得到某些东西而妥协，不要因为别人的不爱而放弃对自己的爱。对每一个女孩而言，只有懂得了自爱，才能真正懂得如何去爱别人。

暧昧的游戏，请远离

不知道什么时候，这世界开始流行起了“暧昧的游戏”。暧昧，它不牵扯友情，也与爱情无关，且不附带任何责任。由于这样的游戏既不牵扯灵魂，又可以享受快乐，还为许多人省去了麻烦，所以，它受到了

新时代男男女女的欢迎。

我们生活在一个速食时代，所生存的空间里到处充斥着暧昧的因子，随时可以展开一段暧昧的游戏。于是，又有人调侃，多情的男人，浪漫的女人，不安分的心，在暧昧的掩饰下活色生香地演绎着一个又一个心照不宣的激情游戏。

那看似不经意的笑容，富有挑逗的眼神，暗示的语言，既有情调又可调情，让人感受到前所未有的愉悦。但是，暧昧真的有那么好吗？再激情的邂逅不过也是一个游戏而已，不会成为真正的生活。而且，当你离暧昧越近，爱情就离你越远，因为爱情不是作秀，更不是一种游戏，爱情需要真诚地付出，彼此包容，共同体验爱的真谛。有多少人因为暧昧而深陷其中，难以自拔；又有多少人因为玩暧昧而丢失了爱情，追悔莫及。因此，暧昧的游戏，我们都玩不起。如果你还想拥有美丽的爱情，那么就请舍弃暧昧的游戏，转投爱情的怀抱吧！

有的人虽然进入了“围城”，但还是想激情放纵一回，于是背着另外一半玩起了暧昧。既想在对方面前展现出良好的爱人形象，还要藏藏掖掖地干着暧昧的勾当，这样的生活其实很累，还要时刻担心哪天露出了马脚，这样不仅灼伤了自己，还会焚了爱人的心。这又是何苦呢？世间游戏千万多，何苦偏偏抓着暧昧不放呢？也许有人会说，我们可以只暧昧不玩火，一定掌握好火候。但是，这不可能，暧昧就是因为贪婪欲望之门被打开了，如果你能够及时收手就不会踏进暧昧的漩涡了。

毕竟，暧昧玩的就是心跳，玩的就是刺激，玩的就是新奇，正在暧昧之中的人很少能及时“悬崖勒马”，绝大多数都是“不见棺材不落

泪”，以至于最后赔了夫人又折兵。所以，请远离暧昧游戏，投向爱情的怀抱，因为只有爱情才会给你温暖，暧昧所带来的只有伤害。

阿米大学毕业就面临着四处找工作的压力，但凭着自己的姿色，她毫不费力地进入了一家公司做前台。尽管职位比较低，但对于阿米来说能找到工作已经是很不容易的了。阿米刚到公司上班不久就被莫名其妙地调到了经理办公室做秘书，阿米以为是因为自己工作勤奋所以被领导提拔了，她觉得很高兴。

她到了经理办公室工作之后，经理就不时地表露出自己的关心。一天下班，经理说，晚上我请你吃饭吧，庆祝你升职，也为我们以后的合作做一个深入的了解。面对经理的盛情邀请，阿米受宠若惊，欣然答应了。之后，经理还会不时地送一些礼物给阿米，像名贵的手表、项链、珠宝，阿米自然觉得自己很受恩宠，总是来者不拒。两个人逐渐形成了一种暧昧关系，其实，阿米知道经理有老婆了，还有个5岁的儿子，但是，她不在乎，也爱上了暧昧所带来的激情。阿米觉得这样的日子过得很安逸，可是，有一次她发现自己怀孕了，经过一段时间的相处，她觉得对经理有感情了，也想有个家了。可当她把这个消息告诉经理的时候，经理却轻描淡写地说：“做掉吧，你应该做好避孕的，怎么能大意呢？”阿米很伤心，还是去医院做了手术，可是，手术之后阿米就大出血，医生说也许以后她再也不会怀孕了。

经理似乎对医生的结论很满意，高兴地说，这不正好吗？免去了怀孕的麻烦。这时候，阿米才看透了经理的嘴脸，她也终于知道暧昧并不是谁都可以触碰的，至少自己玩不起这种游戏。

面对暧昧，女孩容易心动，男人容易冲动，谁能保证自己不会陷进去？实际上，暧昧本来就是一个危险的游戏，每一个深陷其中的人都会为此付出沉重的代价。暧昧之后，是更多的伤害和空虚，你已经不再被爱情所垂青，甚至被爱情所遗弃。所以，在爱情的路上，请舍弃暧昧的游戏，真诚地面对爱情，获得爱的体贴与温暖。

枕边细语

1.暧昧是危险游戏

有人把暧昧当作无聊生活的调剂品，有人把暧昧当作激情的出口，实际上，暧昧是一种最不靠谱的情感，也是一场最危险的游戏。也许，我们生活中到处弥漫着暧昧的味道，连虚拟的网络也难逃它的肆掠，这像雾像雨又像风的暧昧，似乎成为了一种深入人心的东西。

2.暧昧的游戏玩不起

其实，爱情已经让我们昏头转向了，更别说暧昧了。所以，还是不要步入暧昧的漩涡，也别痴迷别人发起的暧昧，要是不小心陷进去了，最好也能及时清醒过来，因为暧昧的游戏，我们都玩不起。

3.暧昧只会让你失去自我

记得杨丞琳曾弱弱地唱道：“暧昧让人受尽委屈，找不到相爱的证据，何时该前进，何时该放弃，连拥抱都没有勇气……”看，暧昧不过是一场游戏，不知情的人在痛苦与思念中备受折磨，最后只能放任自流，失去了自我。

别幻想童话里的爱情

有人曾悲观地说过："恋爱必然会有一方受到伤害。"现实生活中的爱情并不是童话，它并不像偶像电视剧里演得那样美好。我们都明白，现实生活比电视剧复杂得多，每天我们都会遇到很多的事情，然后讨论、争执、吵架，这样一来，伤害就是很正常的。

其实，说到爱情中的伤害，如果真的要追究这样的伤害是怎么来的，那可能是因为爱。因为爱，才会陷入伤害与被伤害的漩涡之中，试想，一个人不会莫名其妙地去伤害一个陌生人。而且，我们更应该明白，有的伤害并不是对方故意给的，换言之，他的目的并不是真想伤害你，只是在某种特定的场合，他一时冲动做了伤害你的事情。因此，我们应该理解爱情中的那些伤痕，它就像一个呱呱坠地的小孩子一样，经历了伤害之后慢慢长大，爱情并不是童话，而是如现实生活般变化无穷。

小颜永远记得跟男朋友第一次见面的场景，那是在一个有雾的早晨，小颜像往常一样出门上班，但就在推开房门的那一刹那，赫然发现隔壁正在搬家，一个帅气的小伙子笑呵呵地打招呼："嗨！我是你的新邻居，希望以后能和睦相处。"小颜笑了，这人可真有意思。

后来，那个小伙子三天两头不是借东西，就是邀请小颜过去品尝自己的拿手好菜，两人就这样熟悉了起来。在一个浪漫的夜晚，小伙子告白了："小颜，你愿意做我的女朋友吗？"小颜含着眼泪，点点头。刚开始的恋爱都是美好的，小颜经常穿着男朋友的白衬衫在房间里走来走

去，而男朋友则在厨房里忙碌地为她做早餐，这些美好的场景，小颜一辈子都不会忘记。

但是，随着两人互相了解了彼此之后，在生活的某些方面，还是不可避免地起了争执。刚开始，小颜生气的时候，男朋友都是不说话，他以为这样小颜就会消气。但是，小颜却觉得，你越是不吱声，我就越是要说。后来，男朋友开始慢慢回应，渐渐地，争执变成了吵架。吵架中，“分手吧”这句话说得最多，而每一次都是小颜开口说，这时男朋友就会以一种难以言喻的表情看着她，但小颜决然地说：“分手吧。”说得多了，男朋友也没什么表情了，最后一次，他终于收拾了所有的行李，说：“好。”说完，就走了，留下小颜一个人痛哭。

心不甘情不愿的小颜给男朋友发信息：“你就这样忍心伤害我？”男朋友半天才回了一句话：“当你说‘分手’的时候，何尝没有伤害过我呢？爱情不是童话，如果你总是纠结自己被伤害了，你就钻进了一个怪圈，永远也钻不出来了，小颜，你要学会理解那些伤痕，理解了，你就会释怀了。”

女孩总会认为爱情是一件美妙的事情，就好像童话般美好。不过，这只是我们的向往而已，我们在追求完美的同时，自然也就美化了爱情。实际上，爱情并不是童话，也不是不可侵犯的东西，爱情本身也是有弱点的，也有受伤的时候，甚至，有时候爱情的伤害不亚于面临死亡时的痛苦，对此，我们应该理解爱情带给我们的伤痕。

当爱情刚刚建立的时候，因为差异，我们彼此被对方吸引，我们会用新奇、另类的眼光去欣赏彼此的不同魅力。在这时我们的爱情是最简

单、最甜蜜的，我们不要求对方的付出，只是欣赏就足够了。

当我们想要建立起来的爱情进一步升温的时候，我们会发现生活原来是活生生的动态世界，不同的生活习惯就好像两只向相反方向行驶的船只，如果不想办法掉头，就会越来越远。于是，争吵开始了，伤害也就来了。假如有了伤害，请坦然面对这些，不要纠结于过往，而要尽量避免双方在争执中受伤害。

枕边细语

1.宽容爱情中的伤害

爱情不会是一帆风顺的船只，也会碰见礁石和风浪，当爱情的船只发生摇摆时，我们必须理智地去维持平衡，而不是随风飘泊不定。当爱情受到了伤害，请让我们用宽容的纱布，涂上理解的药水包扎伤口，相信自己，同时也信任爱人的保护。宽容了伤害，彼此会更懂爱。

2.理解伤害

理解爱情中的伤害，被伤害的人，需要被理解；伤害别人，也需要被理解。很多时候，那些伤害并不是故意的，而是在很多情况下情不得已。有些时候，明明知道自己已经错了，但还是不得不伤害别人的时候，这样的人心里会好受吗？很多时候，并不是故意要伤害，只是两个人爱的方式不同而已。所以，理解伤害，然后去爱。

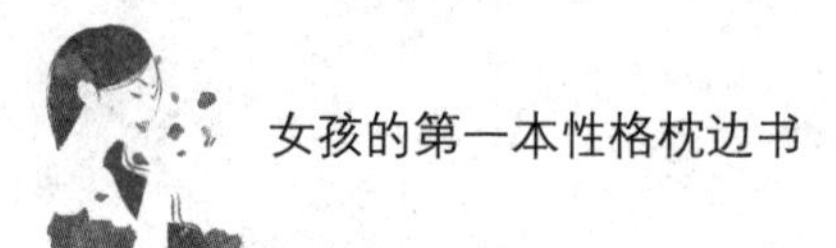

悦纳自己，保持本色

许多年轻女孩都喜欢模仿别人，想让自己和别人不一样，她们希望自己能够跟上潮流，或是让自己散发出明星般的魅力。不过，这种模仿好像并没有给自己带来成功或是快乐，相反会让自己感到焦虑、痛苦，而且这种焦虑、痛苦是和失败联系在一起的。

对此，有人做过研究，实际上我们每个人都具备成为伟人的潜质，之所以没有成为伟人，是因为我们不过只用了10%的心智能力，而剩下的90%却一直不为我们所知道。这其中最主要的原因就是人们不能保持自我，正确地认识自我，从而发挥出自己的潜能。

女孩们应该记住，保持自我是一件相当重要的事情。假如你做不到，那么你永远都不可能成为一个快乐的女性，因为你总是活在别人的影子里。有心理学家说："保持自我这个问题几乎和人类的历史一样久远，这是所有人的问题。"其实，大多数精神、神经以及心理方面有问题的女性，其潜在的致病原因往往都是因为不能保持自我。

琳达是一位电车车长的女儿，她从小就喜欢唱歌和表演，她梦想着自己能够成为一名当红的好莱坞明星。然而，琳达长得并不算漂亮，她的嘴看起来很大，而且还有讨厌的龅牙。每次公开演唱，她都试图把上嘴唇拉下来以盖住自己的牙齿。

有一次，她在新泽西州的一家夜总会演出，为了表演得更加完美，她在唱歌时努力拉下自己的上嘴唇来盖住那讨厌的龅牙，但是，结果却令自己出尽洋相，这真是一次失败的演出。琳达看起来伤心极了，她

觉得自己注定会失败，她真的打算放弃自己当初的梦想。但是，正在这时，同在夜总会听歌的一位客人却认为琳达很有天份，他告诉琳达："我跟你说，我一直在看你的演唱，我知道你想掩盖的是什么，你觉得你的牙齿长得很难看。"琳达低下了头，觉得无地自容，可是，那个人继续说道："难道说长了龅牙就是罪大恶极吗？不要想去掩盖，张开你的嘴巴，当观众看到你自己都不在乎时，他们就会喜欢你的。再说，那些你想掩盖住的牙齿，说不定能给你带来好运呢！"琳达接受了男士的建议，努力让自己不再去注意牙齿。从那时候开始，琳达只要想到台下的观众，她就张大嘴巴，热情地歌唱，并最终成为了好莱坞当红的明星。

好莱坞著名导演山姆·伍德认为，现在年轻女士太没有自我了，在好莱坞，青年女演员去模仿他人的现象是十分严重的。伍德说："她们都想成为一个二流的拉娜·特勒丝，却并不想成为一个一流的自己。实际上，这种做法让观众不好受，也让那些姑娘们自己痛苦。"

赛德兹说："你应庆幸自己是世上独一无二的，应该将自己的禀赋发挥出来。"无论是龅牙一样的缺点，还是难以弥补的缺憾，它一样是生命组成的重要部分，在生命中占据着不可或缺的位置。

枕边细语

1.没有绝对的完美

如果我们总是寻找着完美的东西，比如寻找一份完美的工作，寻找一种完美的生活，然后，不知不觉，生命就在寻找的过程中枯萎了，以至于到最后，它都没有来得及释放那真正的美丽。与其追求不能到达的完美境界，不如努力释放真实的美丽。

2.女孩，你是独特的

每个女孩都是这个世界上唯一的、崭新的自我，你确实应该为此感到高兴，因为没有人能够代替你。女孩应该把自己的天赋利用起来，因为所有的艺术归结起来都是一种自我的体现。女孩所唱的歌、跳的舞、画的画等，所有的都只能属于自己，而遗传基因、经验、环境等等一切都造就了一个具备个性的自己。不论怎么样，女孩都应该好好管理自己这座小花园，应该为自己的生命演奏一份最好的音乐。

3.做你自己，才是最快乐的

对成功和快乐的渴望是女孩们模仿别人的出发点，不过事实已经证明这是一种十分不明智的做法。任何一位因为模仿别人而感到苦恼的女孩，都应该相信这样一句话：做你自己，才是最快乐的，也是最好的。

第
05
章

自律自控——不忘初心，方得始终

在这个世界里，女孩要想追寻着自己内心的声音生活，需要付出巨大代价。而自律可以带给女孩的是自由。女孩应习惯自律，用最真实的努力让自己安全。即便无法控制一切，但可以通过克制自己为自己打开一个新世界。

养成良好的时间观念

斯宾塞："必须记住我们的学习时间是有限的。时间有限，不只是由于人生短促，更由于人事纷繁。我们应该力求把我们所有的时间用去做最有益的事情。"

时间对我们每个人都是平等的，谁有紧迫感，谁珍惜时间，谁勤奋，谁就可以得到时间老人的奖赏。养成良好的时间观念是一个人成功的基本前提，不过这并不意味着全部。特别是对女孩子而言，良好的行为习惯是多方面的。

安妮是哈佛大学艺术团的歌剧演员，她有一个梦想：大学毕业后，先去欧洲旅游一年，然后要在纽约百老汇占有一席之地。心理老师找到安妮说："你今天去百老汇跟毕业后去有什么差别？"安妮仔细一想，说："是呀，大学生活并不能帮我争取到去百老汇工作的机会。"于是，安妮决定一年后去百老汇闯荡，老师感到不解："你现在去跟一年以后去有什么不同？"安妮想了一会，对老师说："我决定下学期就出发。"老师紧紧追问："你下学期去跟今天去，有什么不一样呢？"安

妮有点眩晕了，她决定下个月就去百老汇。老师继续追问："一个月以后去跟今天去有什么不同？"安妮激动不已，说："给我一个星期的时间准备一下，我就出发。"老师步步紧逼："所有的生活用品在百老汇都能买到，你一个星期以后去和今天去有什么差别？"安妮激动地说："好，我明天就去。"老师点点头："我已经帮你预定了明天的机票。"

第二天，安妮飞赴了百老汇，当时，百老汇的制片人正在酝酿一部经典剧目，许多艺术家都前去应聘。当时的应聘步骤是先挑出10个左右的候选人，然后，再要求每人按剧本演绎一段主角的对白。安妮到了纽约后，没有着急打扮自己，而是费尽心思从一个化妆师手里要到了剧本，在以后的两天时间里，她闭门苦练，悄悄演练。到了正式面试那天，安妮表演了一段剧目，她感情真挚，表演得惟妙惟肖，制片人惊呆了，当即决定主角非安妮莫属。

安妮到纽约很快就顺利进入了百老汇，穿上了她人生中的第一双红舞鞋，她的梦想实现了，她成为了百老汇的一名演员。当然，她很快就实现了自己的梦想，尽管之前的她是犹豫的，不过她依然抓住了时间——马上出发。在生活中，许多追逐梦想的人总是磨磨蹭蹭，前怕狼后怕虎，结果硬生生地耽误了时间，错失良机。

枕边细语

1.提高学习效率

女孩应该提高学习效率，科学地利用大脑。因为用脑的时间长了，大脑会变得迟钝。通常学习一个小时左右，大脑就会疲倦，如果这时依然继续学习的话，学习效率是较差的。所以，女孩可以交替学习，这样大脑各部分就可以得到轮流休息，从而达到提高学习效率的目的。

2.善于利用时间

对于一些事情，最好是用整体的时间，一气呵成，最后才能出个结果。对此女孩要善于利用时间，比如计算一道很困难的数学题，假如每天思考一会儿，又去干别的事情，那第二天再来思考的时候，就又会不记得昨天的思路，这样就会很耽误时间。

3.避免养成磨蹭的习惯

女孩只有在体会到磨蹭会给自己带来损失之后，她才会自觉地快起来。比如，女孩早晨有赖床的习惯，假如女孩真的上学迟到了，老师肯定会询问迟到的原因，女孩挨批之后，就会意识到磨蹭给自己带来的害处了。

4.巧妙利用倒计时

对于女孩来说，有的事情是硬性的任务，必须在某个时间段完成，这就要求女孩利用“倒计时”的方法来安排时间。比如，在一个月之内必须做完的事情，可以算算还有多少天，规定每天做多少，当天没有完成的话，需要及时补上。女孩明白假如不能按时完成，错过了机会，那就前功尽弃了。

5.有一个规律的作息时间

女孩子的心理过程的随意性较强，自我控制能力比较差，经常是一边吃饭，一边看手机。一件事情没有做完，心里已经开始想到另外一件

事情了。这样一不注意就会养成“拖拉”的坏习惯，良好的作息习惯是养成时间观念的前提。女孩可以制作一张作息时间表，什么时间起床，洗漱需要多长时间，吃早餐需要多少时间，放学后做什么，几点睡觉，做出合理的安排，只有将作息时间固定下来，形成习惯，女孩才会对时间有一个明确的认识，养成良好的时间观念。

女孩，请保持身体健康

巴尔扎克说：“有规律的生活原是健康与长寿的秘诀。”年轻女孩，需要铸就健康的身体。许多女孩子因为缺少运动成了小胖墩、小四眼、小驼背，这样的身体状况造成了内心的自卑心理。

女孩平时学习比较紧张，有时候身体会吃不消，这时候更需要一个强健的体魄来支撑学习，身体是革命的本钱，只有有健康的身体，才会使你的学习更加进步。

梦洁刚刚大学毕业，在家人和朋友的帮助下找了一份不错的工作，每个月薪水不少，唯一不足的就是太忙了，忙得都没有睡觉的时间。所以，早上为了能赖那么十几分钟的床，她索性就省去了早餐。有时候，闻着隔壁小吃店的美味，也忍不住买点东西吃。但是，她从来不喝牛奶也不吃面包，她觉得那样的饮食搭配显得寡然无味，还不如吃点油炸食品。

中午的时候，当别的同事都出去吃饭了，梦洁还在公司忙碌着，经

常都是喊外卖，吃着快餐店的饭菜，她都分辨不出什么是美味、什么是难吃，只要能吃饱就行，这样下午才有力气工作。在她看来，中午这顿不用花多少心思，因为白天大家都忙，还不如留着肚子晚上吃个痛快。傍晚，梦洁结束了一天的工作，邀约几个好朋友去酒吧玩儿，喝酒唱歌跳舞，好像把白天工作所带来的那种负荷都摆脱得一干二净。玩儿到很晚，大家才散伙，因为在酒吧只顾着喝酒，这时候才发觉饿了，于是又吃着路边的烧烤，或者回家泡面。

她从来没有觉得自己的饮食有什么问题，直到她最近觉得身体不太对劲儿。在医院，当医生把“亚健康”这样的字眼抛给了梦洁，她有些不相信，自己才刚刚大学毕业正值青春年华，怎么会处于亚健康状态呢？医生说：“就是你们这个年龄，自认为太年轻了身体就很好，不珍惜身体，不注意饮食，所以，你们要特别注意自己的饮食习惯，否则还会引发身体疾病。”梦洁拿着医师开得营养饮食清单，心里却在想，自己还真舍不得那深夜的美味烧烤呢？可是，一方面又是身体的健康问题，她陷入了纠结。

也许，我们身上都有梦洁的影子，不讲究早餐午餐的营养，却贪念深夜的美味烧烤。但是，如果不良的饮食习惯和身体健康摆在面前，自己又会做出怎么样的选择呢？虽然受到了医生的警告，但有的人还是“不见棺材不掉泪”，任性地折腾自己的身体，直到躺在了医院才发现事情的严重性。

枕边细语

1.预防近视

培养正确的读书、写字姿势，不要趴在桌子上或扭着身体；看书写字时间不能太长了，持续一个小时左右就需要短时间的休息；认真做好眼保健操；多进行一些户外运动，比如放风筝、打羽毛球。另外，在饮食上，还需要注意多吃些含甲种维生素较丰富的食物，比如各种蔬菜及动物的肝脏、蛋黄等。

2.劳逸结合

在平时的生活中，注意劳逸结合，避免过度疲劳；保持情绪稳定，以免因为情绪波动而影响血压波动；适当锻炼身体，多做一些有益于心脏健康的锻炼，如游泳、跑步等；不吸烟、不酗酒，坚持良好的行为习惯。

3.保证充足的营养

在这一时期，年轻女孩需要足够多的营养，只有有充足的营养，才能保证健康顺利地成长。因此，每日摄取的食物中要保证有足够的热量及蛋白质。当然，你在摄取高热量、蛋白质膳食的时候，应该以平衡膳食、全面营养为原则。应当平衡膳食，做到荤素搭配、主副食搭配，每顿饭中食物种类要多一点。

4.适当运动

许多女孩子不愿意外出运动，天天窝在家里玩儿电脑，还有部分女孩子喜欢睡懒觉，一到休息日就睡到中午，不吃早饭，又怕热又怕冷，

不愿运动。其实，女孩在学习之余，可以进行适当的运动，比如跑步、打羽毛球、游泳等，以此达到锻炼身体的目的。

自我完善，不忘虚荣的代价

莎士比亚说："轻浮和虚荣是一个不知足的贪食者，它在吞噬一切之后，结果必然牺牲在自己的贪欲之下。"虚荣心强的女孩子在成长过程中经常会出现这样一些问题：她们为了满足虚荣心而经常说谎，情绪不稳定，不认真学习，缺乏意志力等等。

虚荣心对年轻女孩子来说是一种可怕的心理。心理学家认为："虚荣心是以不适当的虚假方式来满足自尊的一种心理状态。"

早上，王雯穿着新买的裙子上班，心里别提多美了，心想：这身打扮应该会把办公室那群人给比下去，不知道多少人会称赞自己有品味呢！她一边想着，一边乐，忍不住对着公司大门的镜子整理头发。来到办公室，王雯还没有来得及炫耀自己的新裙子，就看到一大群女人围着李倩，大家嘴里发出阵阵赞叹声。王雯心中顿感不快，挤着围过去一看，原来，李倩今天也穿了新裙子，不过，无论是款式还是质量，都在自己所穿的裙子之上。王雯看了一眼，满脸不屑，气冲冲地走了，身后传来同事的议论："她总是这副样子，爱比较，比了又生气，真是，搞不懂这个人……""可不是嘛，要我说啊，就是嫉妒心在作怪，每次都这样子，都已经习惯了"。

听了同事的议论声，王雯怒火腾地上升了，她回过头，大声责问道："你们说谁呢？"同事纷纷走开了，只留下脸红脖子粗的王雯。生气的王雯进了卫生间，对着镜子重新审视自己的裙子，越看越生气，一气之下，王雯拉着裙子的下摆猛地一扯，本来只是发泄心中的怨恨，没想到，新买的裙子居然被扯出了一条长长的口子。看着镜子中的自己，王雯气得哭了起来。

对于一些虚荣心、私心较重且心理欲望较高的人来说，他们时常会因为攀比把自己气得够呛，到最后，他们也不知道事情到底错在哪里。心胸狭窄的人，总喜欢以己之长比人之短，喜欢计较个人名利得失，越比较越是痛苦，感觉自己真的"吃了亏"或"运气不好"，甚至开始抱怨自己是"生不逢时"。看到自己的朋友当了官、发了财，自己的心理就很不平衡，总想着之前他还不如自己呢，但是，他们却不去思考对方取得成功的原因。

枕边细语

1.树立正确的荣誉观

只有女孩树立了正确的荣誉观，有了荣誉感，才会激励自己不断进取，不断奋发向上。女孩应该明白这个道理："同学们吃大餐、穿名牌、坐名车并不值得你羡慕、嫉妒，因为这不是一种荣誉，只有你的学习成绩优异才是一种荣誉。"

2.学会自食其力

当女孩为了虚荣心而攀比的时候，你可以告诉自己："不是不可

比，而是要通过自己的努力，去创造与别人相同的条件，从而巧妙地将攀比化成动力。”比如，女孩想跟别的孩子比手机的档次，那女孩可以通过自己打工攒零花钱购买手机。这样不仅解决了女孩盲目攀比的难题，还让女孩形成了节约意识，养成动手动脑、发明创造的习惯。

女孩脾气不能太坏

很多时候，情绪不好，是自己修养不够。脾气，是日常生活中经常碰到的普遍心理现象之一。当然，脾气有好有坏，有的人脾气坏，遇事冲动，对一些不顺心或自己看不惯的事情，常常容易生气或怄气，经常与人争吵，说出一些使人难堪的话，影响正常的人际交往；相反，脾气好的女孩，无论到哪里，都会受到欢迎，大家都喜欢与她合作、共事。

女孩的坏脾气，常常与娇生惯养、过分溺爱、得不到家庭的温暖或父母要求过于严厉有关，另外，人生道路的平坦或坎坷，对脾气也会产生重大影响。虽说，一个人的脾气、性格有稳定性的一面，但并不是说其脾气、性格是固定不变的，所以，坏脾气是可以改变的。试着将坏脾气化做挑战力，努力改变自己的坏脾气。

有一个男孩，很任性，经常对别人发脾气。一天，他的父亲给了他一袋子钉子，并告知他：“你每次发脾气时，就钉一颗钉子在后院的围墙上。”第一天，这个男孩发了37次脾气，所以他钉下了37颗钉子，慢慢地，男孩发现节制自己的脾气要比钉钉子容易些，所以，他每天发脾

气的次数就一点点地减少了。

终于有一天，这个男孩能够把持自己的情绪了，不再乱发脾气了。父亲告知他：“从现在起，每次你忍住不发脾气的时候，就拔出一颗钉子”，过了很多天，男孩终于将所有的钉子都拔了出来。父亲拉着他的手，来到后院的围墙前，说：“孩子，你做得很好，但是现在看看这布满小洞的围墙吧，它再也不可能回复到以前的样子了，你赌气时说的伤害别人的话，也会像钉子一样在别人心里留下伤口，不管你事后说了多少对不起，那些伤痕都会永远存在。”

在生活中，每天可能都会发生一些不如意的事情，但是，这并不会成为我们发脾气的借口。当自己想要发脾气的时候，应该做的第一件事是尽量让自己平静下来，以理智的眼光去看问题，思考到底出现了什么事情，而不是乱发脾气，任由坏脾气爆发。

每一次发脾气说出的话语、做出的行为，都像那一个个被钉子钉出的小洞，再也不可能恢复到以前的样子了，那些伤害会像钉子一样在别人心里留下伤口，不管事后说了多少对不起，那些伤痕将会永远存在。这就是不良情绪给我们身边人带来的最大伤害。

枕边细语

1.看别人不顺眼，是自己修养不够

对于坏脾气的人来说，看别人总是感觉不顺眼，事实上，心理学家告诉我们：看别人不顺眼，是自己修养不够。一个人的优雅关键在于控制自己的情绪，坏脾气的人习惯于用嘴伤人，实际上这却是最愚蠢的一种行为。对于任何事情，我们都不要任由坏脾气而轻易否定，因为存在即有其合理性。

2.坏脾气，坏处多

现实生活中，许多人在生气或愤怒的时候，经常是脸红脖子粗，恨不得把自己心里所有的消极情绪都发泄出来；一遇到消沉的时候，就一蹶不振，自暴自弃，刻意贬低自己。这几乎是坏脾气的人的一些日常表现，事实上，坏脾气带给我们生活的影响远不止这些。所以，尽可能地克制住自己的激动情绪，让人与人之间的关系变得和谐而自然。学会换位思考，或者直接置身事外，将坏脾气化做挑战力，为自己加油呐喊！

别为自己的懒惰找理由

懒惰的女孩总是不断为自己寻找借口，但借口往往不会帮助你，只会害了你，所寻找的借口越多，你就会变得越来越懒惰。只动脑想借口而不愿意去做事情，然后把错误归咎于别人，每次都从别人身上找原因，而不是寻找自身的原因，这样就会使自己丧失前进的动力。

懒惰是借口的来源。在生活中，人们通常会说：“这不是我的原因，是因为他没有做好”“不是我不想学习，是因为我起床晚了一些”“不是我工作不努力，是因为主管看不上我”。这些语言听起来是否那么熟悉呢？是的，因为我们自己也经常说这样的话，寻找这样的借口来掩饰自己的懒惰。

懒惰会让女孩的心灵变得灰暗，会让她对勤奋的人产生嫉妒。一个懒惰的人总会寻找借口，看到别人获得了财富，她会说："他只是比较幸运而已。"看到别人比自己更有才智，她只会说："因为我的天分不如别人。"这样处处为自己寻找借口的女孩是难以获得成功的。

1872年，只有24岁的哈同一个人来到中国上海谋生。尽管，他看起来是一个年轻能干的小伙子，但事实上他穷得连一件像样的衣服都没有。当时他没有任何积蓄，也没上过学，不懂得任何技术。但是，他渴望在上海立足，通过自己的学习去挣钱。

哈同利用个子高的优势在一家洋行谋得了一份看门的生计，尽管很多人会看不起这份工作。不过哈同却觉得没什么，自己也是通过工作挣钱，而且这是正当的工作。他希望以这份工作为起点，通过自己的不懈努力，积蓄能力，以后找到更好的工作。

哈同平时工作十分认真，尽职尽责。晚上休息的时候，他就会埋头苦读一些经济和财务的书籍，以此来提升自己。由于忠于职守的态度，深得老板的喜欢，又善于学习，让老板觉得这是一个可造之材。于是，便把哈同调到了业务部门当办事员。

哈同继续努力工作，每天都在为如何做好工作而思考。在这样努力之后，业绩越来越出色，慢慢被提升为业务员、大班等。这时候，他的工资已经增加了，不过，心怀大志的他并不因此而感到满足，他想拥有自己的企业。

1901年，积累了资本和能力的哈同离职，开始独立运营商行，并命名为"哈同商行"，主要以经营洋货买卖为主。当时，他敏锐的眼光

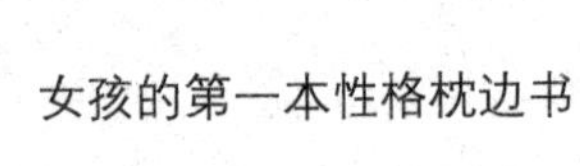

发现中国上海与此相对比的竞争品并不太多，这样消费者就不能货比三家。所以，通过市场，哈同获得了高额的利润，哈同商行也越做越大。

哈同能够从一名看门工做到了商行的老板，正是体现了犹太人的智慧。一个看门工，可能是大多数都瞧不起的活，别人是不愿意干的，他们觉得自己相貌堂堂，年轻有为，怎么会屈于当站门雇员。可是哈同不这么认为，他会认为这是他成功的一个起点。

我们仔细注意哈同的工作历程，就不难发现他成功的秘诀，那就是“脚踏实地，循序渐进”。他对自己的每一份工作都做到勤勤勉勉，忠于职守，并且不是急于求成，而是循序渐进地做下去，慢慢登上成功的宝座。

女孩，假如你跑得慢，就需要比别人更勤奋一些。懒惰是一种习惯，勤奋也是一种习惯，既然都是一种习惯，为什么不把自己变得勤奋一些呢？克制懒惰，时间长了，我们就会变得勤奋起来，而不再为自己的懒惰寻找借口了，成功之手也会向我们伸过来。

枕边细语

1.懒惰是借口的来源

懒惰是借口的来源，如果我们不再为自己找借口，那就必须让自己变得勤奋起来。生活给我们每个人一样的平台，谁跑得快，谁就能第一个站在台上接受鲜花和掌声。假如你跑得慢，那就只能在后面忍受别人的讥讽。

2.越勤奋越自信

相反，一个永远勤奋而且乐于主动工作的人，将会得到老板甚至

每个人的赞许和器重，同时，他还会为自己赢得一份重要的礼物——自信。

女孩的自省与自救

其实，在生活中，女孩除了要思考向别人提出问题之外，还要善于向自己提问。向自己提问，其实是对自己的一个很好的总结。在生活中，我们既不能时刻来反省自己，看清自己，也不能把自己放在局外人的位置来观察自己。因此，在大多数的时候，我们只能借助外界的一些信息来认识自己。所以，我们在认识自己时很容易受到外界信息的暗示，迷失在环境里，并习惯性地把他人的言行作为自己行动的参照。向自己提问，就是进行每日总结，以此来了解自己。

据说曾国藩有晚上写日记的习惯，其目的就是睡前问自己，总结自己一天在言行上的不妥之处，好的继续发扬，不好的则记下来今后改之。这就是一个很好的习惯，每天睡前反省自己，可以更好地了解自己。

事实上，富兰克林也保持着每晚一次的自省。他总结出自己13处致命的错误，其中有三项是浪费时间、琐事太多、与人争执。年长睿智的富兰克林很清楚地意识到，假如不改正这些缺点，他就难以成大事。

萨拉女士，曾担任某银行董事长，同时兼任几家大公司的董事，是美国财经界的重要人物。一个女人，怎么会赢得如此的成功呢？这源于萨拉女士这么多年自省的习惯。

从懂事那天起，萨拉女士总是随身携带一个小本子，将自己每天需要做的事情记录在上面。而且，萨拉女士还会定期反省自己，比如每个周五的晚上，就是她的自省时间。在这段时间，她会完全推掉所有的社交活动，哪怕是家人聚会也不参加，她会一个人在家里进行认真反省。在自我反省的过程中，她总会把过去一周的工作进行梳理、反思。

周五晚上，萨拉女士吃过晚餐之后，会打开小本子看之前一周的记录，回忆工作的面谈、商讨以及会议过程。萨拉女士经常会反思：当时自己是哪里做得不到位？有哪些地方是做得好的，接下来需要继续坚持？从这些事情中可以得出什么样的经验？等等，虽然，这样的自省会让萨拉女士意识到自己的缺点，从而感到一些烦躁。但是，她依然每周坚持这样做，甚至回忆起自己做的一些事情也觉得很奇怪。

最后，随着年龄的不断增长，那些曾经犯过的错误越来越少。不过，萨拉一直坚持每周的自我剖析，这样的习惯让她受益匪浅。

假如有人问萨拉是如何赢得成功的，那么她会说："因为我一直保持自省的习惯。"萨拉女士从小所受的正规教育十分有限，她最开始时在一个乡下的小店做店员，后来发展成为美国钢铁公司信用部经理，从此事业蒸蒸日上，而这一切不过是源于她保持自省的习惯。

当达尔文刚刚完成其不朽的著作《物种起源》的时候，他已经预料到这个革命性的学说公开发表后必然会给整个宗教界乃至学术界带来震撼，所以，他花了15年来寻找自己的不足之处，不断地进行自我批判，不断地向自己的理论挑战，批判自己的结论。所以，与其等着别人来批

评我们或者批判我们的工作，倒不如自己严格要求自己，做自己最严格的批评者。

年轻女孩最好是每日睡前总结，完成睡前“五问”。入睡前的总结工作，其实也是很有效率的复习手段之一，那么，在睡觉前我们应该问自己哪五个问题呢？

1.今天有所收获吗

躺在床上，开始回忆白天，回想自己收获了什么，做了什么事情，收到了怎么样的效果，以后还有哪些需要改进的地方，等等。将这些事情梳理一遍，加深在大脑中的印象。

2.我投入了激情了吗

有激情地做事，才是有兴趣地做事。当别人都在学习的时候，我是在跟别人聊天，还是在玩儿游戏？教授讲课的时候，我在认真思考吗？还是思想开小差了？等等，假如自己真的在认真学习，那明天要继续保持这种状态；假如自己学习不认真，那就要自我反省，下次争取改正这个坏习惯。

3.我今天的得与失在哪里？善于总结才能有所进步

得与失，将是今日的收获。得，就是从中学到了哪些知识，自己在思维上有什么明显的变化，自己懂得了什么道理；失，就是因为学习不认真所造成的失误等等，可以花时间和精力补回来。

4.明天我还有哪些任务

临睡前，再想想，明天自己还有哪些任务呢？除了按时上课之外，需要写个方案？做个PPT？阅读一篇课外文章？听一个小时的英语？

5.今天我过得快乐吗

我们要学会享受生活，才能体会到学习的乐趣。今天的学习快乐吗？快乐是因为什么造成的呢？是因为知识的魅力。不快乐是什么造成的？仅仅是因为学习枯燥吗？还是自己其方方面的原因。

好的学习习惯，使你终生受益

韩愈说：“书山有路勤为径，学海无涯苦作舟。”重复式的学习方法是每个女孩最常用的，也是必须使用的学习方法，同时也是最基本的学习方法。

即便是再简单的方法也是建立是重复学习的基础之上的，没有重复的过程，知识还在书本上，不会成为自己的。而只有真正地掌握了知识本身，女孩才会体会到它深刻的含义，才能使知识成为她们自身知识的一部分。

公司准备举办一场宴会，需要把最近几年来公司的客户以及相关的人员都请来，借此机会联络一下感情，一起探讨一下未来的发展计划。可粗心大意的玛丽不知道怎么搞的，鼠标一点，一下就把联系人的电子文档覆盖了，瞬间把名单和电话全弄没了。这可怎么办呢？经理要求下午必须把邀请函发出去，可现在名单和联系方式全没有了，该怎么办呢？

新来的同事维茨里走了过来，安慰道：“你先别急，这份文件我看过，你先把你能记住的在中午之前给我，能做到吗？”玛丽点点头，努力回忆着文件里的名单和数据。下午维茨里拿着笔记本走过来，问：

“玛丽，你看一看名单。”名单和数据全在电脑上，玛丽惊讶极了：“这么多人，你怎么记住的？”维茨里指着自己的大脑，笑着说：“靠这里记下来的，这是我们犹太人的自豪。”

玛丽很感兴趣：“你们是怎么教育孩子的，怎么记忆力如此惊人呢？”维茨里笑着说：“从小就背诵《圣经》，这可以培养我们的记忆力，比如我儿子现在才两岁多，就能完全背诵一整页的《圣经》内容了。”玛丽有些疑问：“可是，《圣经》的内容好枯涩，他能懂吗？”维茨里回答说：“不用他懂，他现在只要会背就行，慢慢地，以后他长大了就有我这样的超强的记忆力了。”玛丽不禁感叹：“犹太人真不愧是世界上最聪明的民族！”

学习就是一个不断重复的过程。天生就聪明过人的孩子毕竟是少数，只有在学习过程中不断地重复，才会加深自己对知识的记忆，也才会为孩子以后的学习打下基础。就如何重复学习，新东方的俞洪敏曾说：“坚持每天挤出一点时间来关心一件事情，你就会成功。世界上成功的秘诀就和背单词一样，是一个不断重复的过程。先做专，再做宽，先做到本本精，再做到本本通，才能够成就大事。先单词，后课文。每天写下三到五件事情，一步步做下来，安排好，我就是这样的，我就是现在的老俞了。”

枕边细语

1.制订合适的学习计划

许多女孩抱怨自己太累，要看要学的东西太多了，每次面对课本时都无从下手，其实造成这个现象的最大原因就是学习没有计划性。制订

一个学习计划可以快速提升女孩的学习效率，让女孩在有限的时间里最大限度地完善自己的不足之处。比如，制订日计划和周计划，将计划与课本内容相结合，每天哪个时间段看什么课本，在多长的时间内应该看完这本书，多久的时间来进行复习，看到什么样的程度之后需要通过做题来检验。

2.做好课前预习

女孩在学校学习的时间是有限的，如果她能养成预习的好习惯，并坚持预习养成自学习惯。课前把那些原本不会的学会了，掌握了新知识，对新知识积极思考，时间久了就会养成良好的学习习惯，提高自学能力，在以后的学习生涯中，女孩就会觉得越学越会学，越学越轻松，学习成为了一种能力。

3.培养自己对弱势学科的兴趣

“兴趣是最好的老师”，有的女孩子偏科就是对该学科缺乏兴趣。对此，女孩应想办法培养自己对弱势学科的兴趣，多了解这个科目在现实生活中的应用，这样女孩会从心理上自觉消除厌恶感和抵触感。

4.做好复习计划

许多女孩子虽然按照计划复习了，却并没有取得良好的效果，造成这样结果的原因是多方面的。针对重要考试所制订的复习计划，时间安排肯定是很紧的，但是复习计划还需要留有一定的余地，切忌“满打满算”。比如，晚上七点到八点复习语文，八点就开始复习数学，这样安排就太紧了，在这中间应该有个缓冲时间，七点到八点是语文时间，八点十五分以后再复习数学，这样语文复习之后可以轻松一些，喝水或者小憩一会，稍微休息一下，而不是“连轴转”，以免女孩身体承受不了。

第
06
章

克制怯弱——挥舞翅膀，飞得更高

汪国真曾说："人虽是哭着出生，却必须笑着活。"怯弱是一个人与生俱来的情绪，而勇敢则是后天所练就的。面对未来的人生，每个女孩都会心怀怯弱，但勇敢与怯弱并不是绝对对立的两面，从怯弱中诞生出来的勇敢才是真正可以战胜自己的一剂良药。

拨开浓雾，找准人生方向

奥格·曼蒂诺曾这样写道："我们的命运如同一颗麦粒，有着三种不同的道路。一颗麦粒可能被装进麻袋，堆在货架上，等着喂给家禽；有可能被磨成面粉，做成面包；还有可能撒在土壤里，让它生长，直到金黄色的麦穗上结出成千上百颗麦粒。人和一颗麦粒唯一的不同在于：麦粒无法选择让自己变腐烂还是变成面包，或是生长。而我们有选择的自由，有行动的自由，更有心的自由。我们不该让生命腐烂，也不该让它在失败、绝望的岩石下被磨碎，任人摆布。"

在生命历程里，女孩要给自己准确定位，展现出自己的人生价值。

1952年7月4日清晨，加利福尼亚海岸还笼罩在浓雾之中，在海岸以西21英里的卡塔林纳岛上，34岁的费罗伦斯·柯德威克涉水进入了太平洋里，她开始向加州海岸游去，如果这次能够成功，她就会成为第一个游过这个海峡的妇女。在这之前，费罗伦斯·柯德威克是从英法两边海峡游过英吉利海峡的第一个妇女。然而，这天清晨似乎没有想象中的顺利，海水冻得费罗伦斯·柯德威克身体发麻，由于浓雾越来越大，她

几乎看不到护送自己的船，一个小时过去了，又一个小时过去了，无数的观众在电视上注视着她。对费罗伦斯·柯德威克来说，诸如此类的渡海游泳最大的问题不是疲劳而是刺骨的水温，15个小时过去了，费罗伦斯·柯德威克被冰冷的海水冻得浑身发麻，她知道自己不能再游了，就叫人拉她上船。而柯德威克的母亲和教练就在另一条船上，他们告诉她："海岸很近了，不要放弃。"但是，罗伦斯·柯德威克朝加州海岸望去，前面是一片浓雾，什么都看不见。几十分钟以后，人们将柯德威克拉上了船，而拉她上船的地点，离加州海岸只有半英里。

当有人告诉柯德威克这个事实后，从寒冷中恢复知觉的她看起来很沮丧，她对记者说："真正令我半途而废的不是疲劳，也不是寒冷，而是因为在浓雾中看不到方向。"在费罗伦斯·柯德威克的一生中，只有这一次没有能坚持到最后。两个月后，柯德威克再一次尝试，这次，她成功地游过了这个海峡，她不但是第一位游过卡塔琳纳海峡的女性，而且比男子的纪录还快了大约两个小时。

对于柯德威克这样的游泳能手来说，还需要方向才能鼓足干劲儿完成她有能力完成的任务，对许多女孩而言，更需要为自己的人生确立方向。对机器而言，一个螺母假如找不到自己合适的位置，充其量只不过是一个被称作螺母的废铁。

枕边细语

1.你的特长是什么

女孩首先应该明白自己的特长是什么？是唱歌还是跳舞？是书法还

是绘画？是语文还是英语……明确了自己的特长之后，才能够准确定位自己的人生，比如有绘画特长的女孩可以朝着“画家”“美术专业”靠拢，当然，这并非是绝对的，还需要参考女孩的文化成绩。当然，女孩不能自卑地认为自己完全没有特长，只要你仔细分析，就一定能够找到自己的特长。

2.正确评价自己

不管是自卑的女孩，还是自负的女孩，都应该对自己有一个正确的评价。自卑的女孩，不能只看到自己的不足，比如成绩不好，就整天躲在教室角落，或许你温和的个性赢得不少同学的喜欢呢！而那些自负的女孩，不能只看到自己的优点，而忽视了自己的缺点。正确的评价往往是既有优点又有缺点，这才是一个全面的自我认识。

3.坚信自己的价值

女孩要学会善待自己，在成绩考砸时鼓励自己，在学业上升时勉励自己。或许，在生活和学习的过程中，总会遭遇无法避免的挫折与困难。不过，不管女孩受到什么样的打击，即便女孩正在经历着痛苦、挫折，那也不应该忽视了自己的价值，不要觉得自己一无是处，也不要骄傲自大。以一份崇高的使命感，展现出自己的人生价值。

突破模仿，做独特的自己

爱默生曾在自己文章《论自助》中写道：“一个人总有一天会意

识到嫉妒是没有用的，而模仿等同于自杀。因为不管好坏，人只有凭借自己才能做得更好。因为只有在自己的田里耕种，才能获得有营养的玉米。上帝赐予我们的能力是独一无二的，与众不同的，只有当你亲自努力尝试运用，你才会看明白这份能力到底是什么。”

芭芭拉是一位时尚女郎，当然，她对时尚的热爱与对男人的热爱是如出一辙的。为了让自己的魅力能够留住年轻帅气的男朋友，她每个月都会花大部分钱在梳妆打扮上面。每当市场有新款式的衣服上市，她总是跑在最前面，虽然昂贵，但她从来不手软。一些节省的女孩子总是等到衣服打折之后再买，但是芭芭拉不这样认为，她觉得如果满大街都在穿这个款式的衣服，那自己的魅力就无法展现了。所以，每当一个款式的衣服刚刚上市，芭芭拉就会毫不犹豫地将衣服买下来。因为这样，她身边的朋友都开玩笑：“有了芭芭拉在身边，根本不用去买时装杂志也知道最近在流行什么。”

俗话说，女为悦己者容。芭芭拉认为自己每天打扮得漂漂亮亮，一定会赢得男朋友的喜欢。但是，她完全没有想到，男朋友竟然向自己提出分手，当时他就告诉芭芭拉：“我已经喜欢上另外一位女孩了，她是玛莎小姐。”芭芭拉感到非常不理解，不明白自己为什么会输给玛莎小姐。实际上，玛莎小姐简直是一个没有品位的女孩，她一年四季总是穿着那件古董级的职业装。但是，男朋友却对芭芭拉说：“芭芭拉，其实我从来没有认真注意过你穿什么样的衣服，即便你穿着全纽约最好看的衣服，在我看来也没有什么区别。可是你知道吗？因为你总是在追求好看的衣服，反而让我觉得你是一个只知道花钱不知道挣钱的人，所以我只好选择离开你。”

芭芭拉根本不服气，她生气地说：“即便这样，你也不应该选择像古董一样的玛莎小姐。”男朋友却摇了摇头：“你错了，芭芭拉，尽管玛莎小姐总是穿着那件黑色的职业装，不过在我看来却是非常有魅力的，虽然在你看来不算什么时尚，但是她却始终保持自己一贯的风格和独特的魅力，也正是这样的魅力才打动了我。”

或许直到最后芭芭拉也不知道自己输在哪里，尽管她追求潮流没错，不过那样同样会让她失去自我。因为社会上流行什么她就是什么样子，而一旦不流行了她就改变样子。对于男人而言，可能没有一个人会喜欢她那种千变万化的女郎。反之，他们的心更容易跟着那些能够永远保持自己独特魅力的女孩走。

枕边细语

1.选择适合的服装

莎士比亚曾说：“如果我们沉默不语，衣裳和体态会泄露过去的经历。”喜欢打扮的女孩子们，你们知道吗？如果你的打扮会让人对你的身份产生不好的联想，那说明你的装扮很不合时宜。无论你是追求个性，还是追赶潮流，最好还是选择符合自身年龄、身份的装束，这样你才会更加美丽。

2.找回自信

如果女孩子特别在意自己的外表，其实那是女孩不自信的表现，她想通过奇装异服来证明自己与众不同。对这样的情况，女孩应该努力找

回自信，重新建立自信心。因为一个真正自信的人是不需要刻意来证明自己的，更不会通过奇异的发型服饰来引起别人的注意。

3. 正确看待“时尚与美丽”

青春期女孩子经常会跟着时尚走，社会流行什么，她就模仿什么。对盲目追逐时尚潮流的现象，女孩应该保持警惕心理，时尚其实就像浪潮，或许，你认为现在流行的是美的，但是，过不了多久，它就会被淹没在大海里，因为新的浪潮又打过来了，而你追逐时尚的过程，其实就是一个永远没有办法停下来的过程。而且，真正的时尚来自于心里，而不是外在表现，就算你打扮再时尚，但你其实就是一个中学生。

4.明白“崇拜”“偶像”的真实含义

许多女孩子喜欢明星的理由竟然是“长得漂亮”“帅气”“歌唱得好”“打扮够时尚”在这样一些肤浅理由下，她们就轻易地将明星当成了偶像来崇拜。女孩需要明白，偶像值得崇拜的原因在于他为社会、为人类、为世界作出了杰出的贡献，在他身上有值得我们欣赏的高贵品质，当他们卸下明星的光环，他们就跟我们一样，只是一个普通人。

昨天就像使用过的支票

歌德曾说：“唯一的命运不要想得太复杂，生存是义务，哪怕只有一刹那。”每个女孩都应当谨记：昨天就像使用过的支票，明天则像还没有发行的债券，只有今天是现金，可以马上使用。今天是我们轻易就

可以拥有的财富，无度地挥霍和无端地错过，都是一种对生命的浪费。

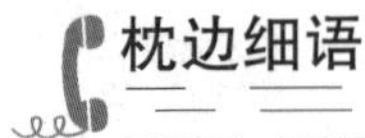

枕边细语

1.自我肯定与鼓励

当女孩遇到挫折困难的时候，可以进行自我肯定与鼓励，也可以向父母寻求安慰和必要的帮助，来让自己不感到孤独。女孩不要给予自己消极的暗示“我真是太笨了，这么简单的事情都做不好”，这些反而会强化自己的自卑与挫败感。下次在挫折与困难面前，就没有信心去面对了。

2.正确对待挫折

女孩对周围的人和事物的态度往往是不稳定的，她容易受情绪等因素的影响。因而，她在遇到困难与挫折的时候，也往往会产生消极情绪，不能正确地面对挫折。这时候，女孩需要谨记“失败并不可怕，只要勇敢向前，一定能做好的”，把失败当作一次尝试的机会，重新鼓起勇气再次尝试。

3.给自己适当的压力

女孩要给自己适当的压力，有些事情自己要学会去处理，让自己适应人生阶段性的挫折，从挫折中找到解决的办法。如果女孩面临了压力，可以向父母寻求帮助，不过千万不能将所有事情都推给父母，好像压力与自己无关。假如女孩觉得自己是世界上最好的，无往不胜的，无法承受批评和失败，不能接受批评、不能承受压力，那她未来的生活必定是充满痛苦的，甚至有可能被压力所吞噬。

扬长避短，做自己擅长的事

德国钢铁大王奥古斯特·泰森说：“我之所以成功，不是因为我最努力，而是因为我只做自己最擅长的事情。”人生是一个选择的过程，每个人都能够选择做自己喜欢的事情。但是，这个世界上没有谁是完美的，也没有谁是无所不能的。事实上，每个人都有自己擅长的事情，也有自己不擅长的领域。

女孩应该站对位置，你可以选择自己不擅长的事情，不过假如想要赢得成功，就应该做自己最擅长且最适合自己的事情，这样才更容易获得成功。

伊辛巴耶娃，世界上第一个，也是唯一一个越过5米的俄罗斯女子撑杆跳运动员。众所周知，在撑杆跳这项运动中，伊辛巴耶娃确实是非常成功的。但是，谁能想到，她最初的梦想根本不是撑杆跳，她那时候最喜欢的是体操。

伊辛巴耶娃从小就对体操情有独钟，她梦想着自己有一天能成为世界体操冠军。为了实现自己的目标，她没日没夜地练习着体操，不管是寒冷的冬天，还是炎热的酷暑，伊辛巴耶娃对练习体操都不敢有一丝的懈怠。遗憾的是，随着年龄的增长，伊辛巴耶娃个子越长越高。对于一个体操运动员而言，高挑的身材反而是一种缺陷。比如，其他运动员能够翻四个跟头，太高的伊辛巴耶娃却因为个子太高只能翻两个半。显而易见，伊辛巴耶娃1.74米的身高在体操队中没有任何竞争优势。

这该怎么办？如果继续在体操这条路坚持下去，最终只会碌碌无为，甚至有可能会越来越处于劣势。于是，伊辛巴耶娃经过客观的分析、权衡，她果断地告别了体操队，不过她依旧没有放弃自己曾经的梦想——成为世界冠军。她想到自己个子高，于是，她又将梦想寄托在能够充分发挥自己身高优势的撑杆跳运动上。

经过不懈的努力，终于，伊辛巴耶娃在撑杆跳运动中赢得了举世瞩目的成就。她在24岁时就成为了历史上最出色的女子撑杆跳运动员，曾十多次打破世界纪录，拥有5项重要赛事的冠军头衔：奥运会、世界室内、室外锦标赛、欧洲室内、室外锦标赛。

富兰克林曾说："宝贝放错了地方就成了废物。"女孩别站错了位置，学会经营自己擅长的项目，才能够让自己的人生增值，而经营自己的短板，只会让自己的人生贬值。伊辛巴耶娃无疑是聪明的，她放弃了自己喜欢但不能发挥自己优势的体操运动，转而选择更具优势的撑竿跳运动，从而成就了自己的世界冠军梦想。所以，女孩们别把时间浪费在难以弥补的缺点上面，不要再让所谓的"短板"阻碍自己的成功之路。

枕边细语

1.客观认识自己

女孩要想踏上成功之路，首先就必须客观地认识自己，对自己做出正确的评价，包括擅长的科目、感兴趣的科目、不擅长的学科等等。女孩不能只看到自己的优势，结果盲目乐观、自大；也不能只看到自己的缺点，结果消极、悲观。女孩应从客观的角度对自己进行分析，明确自己的优势和缺点。

2.扬长避短

女孩子应该明白，每个人都或多或少在某方面存在一定的缺陷，即便取得伟大成功的人也不例外。比如拿破仑个子非常矮小，罗斯福有小儿麻痹等等。尽管那些后天如何努力都没办法改变的缺陷令人非常痛苦，不过假如你懂得扬长避短就会赢得辉煌的成就。

3.平衡兴趣与优势

有的女孩根本不擅长绘画，不过她却喜欢画画，结果学了几年，还是学不好。这是为什么呢？当这个女孩将自己所有的精力和时间都用来画画的时候，她根本无暇顾及发挥自己的优势。所以，女孩应该平衡一下自己的兴趣与优势，你可以选择喜欢的东西，不过却离成功太远；反之，假如你学会管理缺点、短处，加强自己的优势、长处，在自己不擅长的事情上懂得适可而止，将更多的时间和精力放在自己擅长的事情上面，那就会获得更多的自信、快乐，也更容易获得成功。

十个空洞的幻想也不如一个实际的行动

爱因斯坦曾说：“想别人不敢想，你就已经成功了一半；做别人不敢做的，你就会成功另一半。”成功是没有秘诀的，敢想敢做，给自己定一个目标，然后努力，全身心投入，总会有收获。敢想可以使一个人的能力发挥到极致，也可能逼得一个人贡献出一切，排除人生道路上的所有障碍。

女孩千万不要抱怨自己运气不够好，因为唯有行动才能够改变自己的命运。行动就是力量，十个空洞的幻想也不如一个实际的行动。

罗马纳·巴纽埃洛斯是美国第34任财政部长。但在当初，她只是一位贫穷的墨西哥姑娘，16岁就结婚，后来失去了丈夫的支持，独自抚养两个儿子。但是，她那时就决心谋求一种令她自己及两个儿子感到体面和自豪的生活。于是，在梦想的支撑下，她口袋里装着7美元，带着两个儿子乘公共汽车来到洛杉矶寻求更好的发展。

最初她做洗碗的工作，后来找到什么活就做什么，拼命攒钱直到存了400美元后，便和她的姨母共同经营玉米饼店，结果非常成功，并开了几家分店。后来，她经营的小玉米饼店铺成为全国最大的墨西哥食品批发商家，拥有员工300多人。

在经济上有了保障之后，巴纽埃洛斯便将精力转移到提高她美籍墨西哥同胞的地位上，和许多朋友在东洛杉矶创建了“泛美国民银行”。这家银行主要是为美籍墨西哥人所居住的社区服务。如今，银行资产已增长到2200多万美元，但她的成功确实来之不易。

当初，有人告诫她说：“美籍墨西哥人不能创办自己的银行，你们没有资格创办一家银行，同时永远不会成功。”就连墨西哥人也说：“我们已经努力了十几年，总是失败，你知道吗？墨西哥人不是银行家呀！”但是，她始终不放弃自己的梦想，努力不懈。

如今，这家银行取得伟大成功的故事在洛杉矶已经被传为佳话，巴纽埃洛斯也成为美国第34任财政部长。

梦想是一切成就的起点。只有确立了前进的梦想，年轻人才会最大可能地发挥自己的潜力。不仅仅是梦想，更需要行动起来，只有在实现梦想的过程中，我们才能够检验出自己的创造性，调动沉睡在心中的那些优异、独特的品质，才能锻炼自己、造就自己。

枕边细语

1.多读书

读书可以积累知识，以增加头脑中表象的储存量，这样一来，女孩的想象力有了原料才能展开翅膀翱翔于蓝天。爱迪生在11岁就阅读了百科全书和牛顿的许多著作，所以，他后来有了许多科学发明，不得不说其勤奋读书是其想象力之源。

2.对周围的事物充满热情

高尔基曾说：“不存在没有热情的智力，也不存在没有智力的热情。”兴趣、热情是女孩进行想象活动的直接动力，要培养自己的想象力就需要激发自己的兴趣，热情是想象的原动力。当女孩对周围的事物充满热情的时候，想象力自然就产生了，比如，看见天空飞过的鸟儿，就想到了“人怎么样才能飞上蓝天呢”。

3.要多做“白日梦”，鼓励将梦想变成现实

大多数女孩所受过的传统教育，就是填鸭式死记硬背以“装满知识”，这无疑剥夺了做“白日梦”的权利。因此，对于生活中所看到的事物，女孩应该大胆展开想象，多做“白日梦”。不仅如此，还应该让那些看来遥不可及的梦想“生活化”，不仅要大胆想象，而且还要投入以实际行动，让自己梦想成真，也许，你就是下一个“莱特兄弟”。

4.应该积极动脑动手

女孩可以利用自己手边的工具，并充分运用各种感官，自己观察，自己动手，从中体验到一种自我成就感和快乐。比如，自己制作简单的手工物，或者自己设计一种游戏等。女孩对于自己动脑想出来、自己动手做出来的东西，有一种偏爱和特殊的兴趣，这一活动有利于激发内在的强烈好奇心和求知欲，从而逐渐开发自己的智力。

只要启程，就能无限靠近未来

智者说："只要你迈步，路就会在脚下延伸；只有启程，我们才会向理想的目标靠近。"无论你的梦想和目标是什么，这些都只是你成功的开始，更主要的是立即开始行动，从而实实在在地看到成功的希望。这一点被许多人所忽略，其结果都是以失败告终。

人的一生有太多的等待，在等待中，我们错失了许多机会；在等待中，我们白白浪费了宝贵的光阴；在等待中，我们由一个花季少女，变成了碌碌无为的老年人。我们还在等待什么？选择去尝试，总不会让自己在原地踏步。人生就是如此，只要你迈步，路就会在脚下延伸。

枕边细语

1.应该保持浓厚的好奇心

女孩应该保持浓厚的好奇心，对于那些好奇的事物应该采取实际行

动去接近它，为其揭开神秘的面纱，比如游戏这么好玩儿，它是如何被设计出来的？女孩想要去解决这些疑问，就会去进一步地钻研，翻阅计算机书籍或者百科全书，这样就产生了兴趣的开端。

2.保持兴趣的稳定性

比如姚明之前喜欢考古、航模，甚至喜欢打游戏机，当他发现自己的兴趣所在之后，他就全身心地投入到篮球这项运动之中。同样的，女孩要培养自己的兴趣，就要不间断地去熟悉它，逐渐地让它成为自己生活的一部分，每天都要接触到它，时间久了自然会“上瘾”，比如喜欢弹钢琴的女孩子，一天不练习就觉得全身没劲儿，那是因为钢琴已经成为了她生活中的一部分。

3.需要将兴趣延伸，使之成为特长与技能

如果你整天都玩电脑，但只是随便消磨时间，并没有将自己对计算机的兴趣延伸，那么这样重复下去，你将对计算机失去兴趣。当女孩在对某件事物感兴趣的时候，需要有一个深入的方向，将自己的兴趣延伸，一层一层地向前“翻阅”，你将发现在兴趣中获得的快乐会越来越多。

4.可以选择一些“志趣相投”的朋友

另外，女孩应该选择一些“志趣相投”的朋友。比如自己喜欢文学，那就选择几位文学爱好者。这是因为自己即使对某样事物有着极大的兴趣，但总会有停滞的时候，这时候，如果有几个朋友在旁边为自己加油鼓劲，这样就会让自己对兴趣事物越发专注。

第
07
章

心理韧性——破茧成蝶，涅槃重生

坚毅的性格是女孩的人生获得成功的重中之重，然而在舒适环境中长大的女孩，在成长过程中很少面对失败，不会遭遇太大困境，所以需要培养出克服实际挫折的关键能力，形成坚毅的性格。

做黑暗中的舞者

爱迪生说："无论何时，不管怎样，我也绝不允许自己有一点点丧气。"信念是心灵的护航者，是胜利的基石。信念，它是一缕永不暗淡的阳光，给心灵以丰富的营养，有了信念，我们就可以穿越阴霾，驱散迷茫，挣脱命运的束缚，自由地飞翔。

人生需要有坚定的信念，即使道路荆棘满地，充满了无尽的坎坷，我们也不要放弃信念，这样才会看到希望，看到生命的曙光。

枕边细语

1.学会自我激励

自我激励是女孩帮助自己形成良好的品德和习惯的方法，首先女孩要对自己有一个正确的认识，对自己的优缺点有所了解。其次女孩要学会自我控制和自我约束，"将一件事情做到底"会经历很多意料不到的困难与挫折，女孩应该学会控制自己的情绪和意志。最后，女孩应该有意识地培养自尊心和上进心，这样女孩的潜能才可以不断地被发掘，从

而向最好的方向发展。

2.找一个学习的榜样

榜样的力量是巨大的，特别是那些有着坚定毅力，坚持不懈追求进步的人，更是女孩心目中的楷模和英雄。如果女孩能够找到这样一个榜样，无疑为自己前进树立了一个标杆。最好的榜样往往在身边，父母可以是学习的榜样，朋友也可以是学习的榜样，大家一起你追我赶，让竞争促进学习。

3.参加体育锻炼

现在大多数女孩都是在物质优裕的环境中长大的，缺乏毅力，如果有一个机会锻炼自己是最好的。而积极参加体育锻炼就是一种好方法，不但可以增强女孩的体质，而且还可以增强女孩的心理承受能力。

4.参加竞赛

假如让女孩独自完成某件事，她总是一拖再拖，或许干脆中途放弃。而女孩知道还有许多人与自己竞争，就能够激发女孩不服输的心理。毕竟女孩也不愿意承认自己是弱者，不会轻易服输。所以，女孩可以与要好的同学竞争，也可以与对方来一场比赛，将学习变成竞赛。

逆商决定你的高度

亚伯拉罕·林肯在一次竞选参议员失败后这样说道：“此路艰辛而泥泞，我一只脚滑了一下，另一只脚也因而站不稳。但我缓口气，告诉

自己‘这不过是滑一跤，并不是死去而爬不起来’。”

蘑菇生长在阴暗角落，由于得不到阳光又没有肥料，常常面临着自生自灭的状况，只有当它们长到足够高、足够壮的时候，才会被人们所关注，事实上，这时它们已经可以接受阳光雨露了。任何一个人在成长的过程中，都将注定经历不同的苦难、荆棘，那些被困难、挫折击倒的人，他们必须忍受生活的平庸；而那些战胜苦难、挫折的人，他们能够突出重围，赢得成功。

乔丽是报社的一名记者，最近她接到了一份特殊的采访任务。当她拿到被采访者的资料时，不禁有些难过，这是一个怎样的女人：丈夫早些年得了重病去世了，欠下了大笔的债务，家里有两个孩子，还有一个带有残疾，女人只是在一家小型的工厂里当一名女工，靠微薄的薪水养着整个家，还需要还债。她一下午都坐在家里，想着：她家里不知道是什么样子？女人和孩子都蒙头垢面，满脸悲苦，又黑又潮的小屋里没有一点鲜活的色彩，自己去了，也许只会不断地听到哭诉。

那个周末，乔丽满怀深情，按地址找到了那个女人居住的地方。当她站在门口时，乔丽有些不敢相信自己的眼睛，她甚至怀疑自己找错了地方，于是又向女主人核实了一遍。确认无误之后，她开始重新打量这个家：整个屋子干干净净，有用纸做的漂亮门帘，墙上还贴着孩子上学获得的奖状，灶台上只放着油盐两种调味品，但却把罐子擦得干干净净的，女人脸上的笑容就像她的房间一样明朗。乔丽坐在用报纸垫上的凳子上，热情的女人为她拿来了拖鞋，乔丽看见那鞋居然是用旧的解放鞋的鞋底做的，再用旧毛线织出带有美丽图案的鞋帮。

当女人也一起坐下来后，乔丽不禁有些好奇她是怎么把这个家打理得这样舒适的，女工一边干着活，一边微笑着说：我虽然失去了丈夫，但是，却领悟到了生活的真谛，现在，我也过得很好，得失并不是我在乎的。你看，家里的冰箱洗衣机都是隔壁邻居淘汰下来送给我的，其实用着也蛮好的。工厂里的老板同事也都很照顾自己，还会让自己把饭菜带回来给孩子吃，孩子们也很懂事，做完了一天的功课还会帮忙干家务活……

乔丽听着听着，眼睛有些湿润了。

坚强的女工用自己微薄的薪水创造了一个干净温馨的家，试想，如果女工是一位计较得失的人，那么，乔丽所看到的场面有可能是：她像祥林嫂一样哭诉自己以前的幸福时光，以及现在的不幸生活。只是，她不是那个计较生活得失的人，而是一个高逆商的女人，她以豁达乐观的心态，重新撑起了一个温馨的家。

枕边细语

1.合理释放情绪

成年人会为工作、感情、金钱、人际关系等事情而烦恼，女孩也会被学业、友情和父母的关系等问题困扰。女孩有了情绪上的困扰，不能压抑在心里，时间长了，负面情绪就会越来越多，那些不能被自己消化和承受的压力就会演变成心理问题，这是非常危险的。这时女孩可以通过向同学倾诉、与父母沟通等方式合理发泄情绪。

2.以正确心态面对考试

如果女孩子心态比较浮躁，那么，在考试成功的时候，会欣喜若狂，内心滋生出骄傲的情绪，甚至，会放松自己的学习；但在面对考试失利的时候，就会灰心丧气，一蹶不振。这样的心态是不正确的，有可能会因骄傲而跌倒，也有可能会因失败而灰心。而最好的心态就是有一颗平常心，这样女孩子就会在成功面前保持谦虚的态度，在失败面前依然充满着信心。

3.不要太在意考试的失利与成功

现代社会，依然是以应试教育为主，那将意味着以分数来判定你是失败或成功。应试教育本身是有欠缺的，仅仅凭着考试的分数来判断这个学生的知识如何、能力如何，那是不妥当的。因此，如果你真的尽力了，不要太在意考试的失败与成功，因为你所学到的知识是不能被那个分数而代替的。

对自己说：别害怕

《哈里·波特》的作者J.K.罗琳在接受哈佛大学荣誉博士学位的演讲时说："人们有一个共识，那就是人可以从挫折中变得更聪明更强大，这句话意味着人从此对自己的生存能力有了更好的把握。如果没有苦难来考验你，那么你从来都不会真正懂得自己，懂得你处理各种关系的力量有多大。"

面对困难，强者容易变得更坚强，而弱者容易变得更软弱。假如女孩们能够正确地认识挫折、苦难，而且不畏惧，也不相信眼泪，那她们

所拥有的将是成功与喜悦。

有时候，内心畏惧是源于我们总是不断地逃避问题，那些怯弱而畏惧的人通常都是这样。其实，当我们试着去改变自己的内心，让自己内心变得强大起来的时候，我们会惊讶地发现，克服挫折不过如此，它容易得就像是跨过一道门槛。但是，如果总是任由内心畏惧而不去改变，那么，我们将失去许多成功的机会，因为幸运总是降临在那些有着强大内心、坚韧精神的人身上。

枕边细语

1.情绪不好，只允许自己难过10分钟

女孩在生活和学习中会遇到一些令人难过的事情，比如与父母的关系不好、学习成绩差、与同学之间的相处困难等等。每当女孩遇到这样的事情时，应该记得提醒自己：伤心的情绪只能停留10分钟，然后回归正常生活，该干什么就干什么，让心情回归平静。

2.告诉自己：我最棒

不管在什么时候，都需要告诉自己：我最棒！马上要进行期末测验了，早上起来告诉自己：我最棒；参加学校里的演讲比赛，有些紧张，告诉自己：我最棒；受到了老师的批评，没关系，依然告诉自己：我最棒。当女孩告诉自己“我最棒”的时候，女孩就会表现得如所说的那样优秀。

3.对自己说一些鼓舞的话

女孩可以站在镜子面前，看着自己的眼睛，真诚地表达自己的期

望："马上要参加一场很重要的考试，我相信你的实力，只要你肯努力，就一定会成功的，加油！"可能刚开始这样做的时候，女孩会觉得自己傻，但只要你尝试之后就会发现，经过这样的自言自语，心情真的会变得更加积极乐观，思维、行动的效率也会提高很多。

4.想象美好的场景

女孩可以在一个安静、安全的环境中将自己彻底放松，并将希望达到目标在脑海中进行清晰细腻的预演。比如，女孩可以想象自己考入了理想的大学，想象着自己在校园里散步，想象着自己在研究室做实验等。然后告诉自己："这就是我的理想，我愿意为自己的理想去奋斗！"有了这样的想象，女孩就有了前进的动力，想象之后，脑海中会留下一个积极的号召力。

在绝望时选择再等一下

易卜生："不因幸运而固步自封，不因厄运而一蹶不振。真正的强者，善于从顺境中找到阴影，从逆境中找到光亮，时时校准自己前进的方向。"

挫折与失败最能考验人的意志，也最容易让一些人胆怯、恐慌、生气和抑郁。其实，每个成功者都曾经历过失败，只是他们是用自信心和坚强的意志战胜了挫折并迎来了成功。可以说，成功者大都是经历失败最多、受挫最重的人，他们在不能坚持的时候，选择了再等一下，再等

一下，最终迎来了风雨之后的彩虹。

从前，有一位老婆婆在屋子后面种了一大片玉米，长势喜人。很快秋天到了，到了玉米丰收的季节，地里一片金黄，颗颗饱满的玉米棒彼此拥挤着，都希望自己能被主人相中。其中，一个颗粒饱满的玉米说道："收获那天，老婆婆肯定先摘我，因为我是今年长得最好的玉米！"

但是到了收获那一天，这个颗粒饱满的玉米等了很久，老婆婆并没有把它摘走。不过，这个玉米并没有失望，它自我安慰："明天，明天她一定会把我摘走！"第二天，老婆婆又收走了其它一些玉米，但依然没有摘走这个玉米。

乐观的玉米难掩失望的表情，不过它勉强安慰自己："明天，老婆婆一定会把我摘走！"但是，从此以后，老婆婆再也没有来过。直到有一天，玉米真的绝望了，原来那饱满的颗粒变得干瘪坚硬。

没有想到的是，就在这时，老婆婆来了，她一边摘下这个玉米，一边说："这可是今年最好的玉米，用它作种子，明年肯定能种出更棒的玉米！"干瘪的玉米笑了，它终于等到了希望，明年自己将儿女成群。

或许，你一直都很自信，不过接连的失败和挫折会让你泄气、信心动摇，甚至自暴自弃。不过，即便是在这样的境地，也需要自己给自己加油，或许再坚持一下，成功就会来了。

女孩，你是否有耐心在这种绝望的时候再等一下，哪怕再等一下！偶尔的困难与挫折是生活中不可避免的常事，任何的抱怨与难过都毫无用处。所以，女孩们需要做的，就是乐观地坚持自己的生活。当别人都放弃的时候，依然坚持不懈，直到成功的那一天。

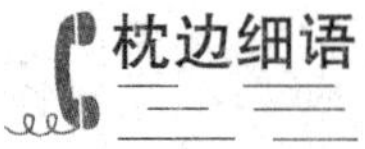

枕边细语

1.正确理解挫折

只有女孩对挫折有正确的认识，在克服困难中感受挫折，正确理解挫折，才能培养自己不怕挫折、勇于克服困难的能力和主动接受新事物，敢于面对挫折的信心。女孩在遇到困难的时候，不要总想着回避，而应该面对现实，勇敢地向困难发起挑战，当女孩一次次战胜困难后，就会为自己增添无穷勇气。

2.正确对待失败

很多情况下，给女孩带来最多打击的往往不是失败本身，而是女孩对失败的理解。假如女孩没有被选为优秀学生，她想的原因可能是“我不如其他的同学”，也可能是因为“别的同学更适合”，或者是因为“他们挑选各方面都优秀的学生。”可能，有些失败确实是孩子自身的原因，不过，这时女孩往往会产生消极情绪，不能以正确的态度对待失败和挫折，这时女孩应该明白失败并不可怕，只要勇敢，一定可以做好。

3.培养自立的能力以及抗挫的信心

女孩需要增强自己的心理承受能力，比如乐观、积极、向上的生活态度，遇到困难不退缩、失败后不悲观等等，掌握与年龄相符的知识技能、生活技能。这样才能无形之中增强女孩抵御挫折的能力，自然就容易减少女孩遭遇挫折的次数。

4.做自己能做的事情

中国孩子的致命弱点就在于没有自主性、依赖性强，这种现象归根结底在于父母的包办代替，从而使孩子缺乏自信，能力低下，也会使孩子丧失自我实践的机会。所以，女孩子要多做自己能做的事情，哪怕父母愿意帮忙，女孩也应该坚持自己独立完成，否则只能成为柔弱的娇娇女。

5.给自己的压力要适当

你不要给自己太多的压力，给自己的压力要适当。压力本身是没有任何威胁性的，适当的压力会转换为一种强大的动力，促使你不断地进步，不断地奋发向上。但是，一旦压力过大，就会造成精神紧张、心理崩溃，晚上失眠，白天精神恍惚，而这样的状态是非常影响你的学习质量和效率的。

6.学会给自己释放压力

压力是外来的一种力量，控制着我们的精神和心理，这是无法掌控的，但是我们可以通过一些方式来化解它，消减它的消极性，使其趋向于积极发展。所以，当女孩压力太大的时候，不妨暂时停止，多参加一些户外活动，在大自然中散散心，或者邀约几个好友一起逛逛街，这都是一些好的释放压力的方法。

你的字典里没有不可能

查尔斯·詹姆士·福克斯对那些面对挫折从不灰心丧气的人总是寄

予厚望，他说："年轻人首次登台亮相就博得满堂喝彩当然不错，不过我更欣赏在失败后还能一再尝试的年轻人，这才是生活的强者，他们往往比首战告捷的人发展得更好。"

在追寻梦想的过程中，挫折与失败最能考验人的意志，也最容易让一些人胆怯、恐慌、生气和抑郁。但是，只要我们坚持心中的梦想不放弃，努力战胜挫折，那么就会迎来梦想实现的那一天。

人生中没有直路，要做好迎接挫折挑战的准备，面对挫折坚强不屈，绝不退缩，把挫折当成奋斗的阶梯，当成磨练生命的礼物，用自信、乐观和毅力面对挫折，用坚强、镇定和勇敢战胜挫折，才能一步步地实现自己的梦想。

枕边细语

1.培养勤奋的品质

勤奋是实现梦想的必要条件，所有梦想的实现都离不开行动，只有梦想而没有行动的女孩，最终只不过是纸上谈兵的赵括。勤奋对女孩而言是一笔无形的财富，它可以帮助女孩早日实现梦想，女孩要将勤奋的态度注入心中，这样梦想才能实现。

2.从小事做起

梦想都是远大的，任何通往梦想的小事都是通往成功的必要条件。女孩千万不要好高骛远，因为没有谁可以一步登天，那些所谓的成功者，都是日积月累，一步步实现自己的目标的。

3.贵在坚持

梦想需要坚持，追求梦想更是贵在坚持。要明白学习过程中挫折不断，追求梦想的实现并非一朝一夕就可完成，女孩需要付出努力和坚持，只有在不断战胜一个个挫折之后，才能不断进取，不断超越自我。

拼命努力的前方就是成功

年轻女孩如果渴望成功，那先去拼命失败吧。爱默生曾说："每一种挫折或不利的突变，是带着同样或较大的有利的种子的。"在失败的背后，往往隐藏着宝贵的经验与信念，事实上，失败是一笔不可缺少的财富。虽然我们在遭遇挫折，面临失败的时候，都会产生一定程度的负面情绪，但是，如果自己长期深陷其中而不能自拔，失败就会成为你的代名词。

杰出的音乐家贝多芬在与外界声音隔绝之后，坚持音乐创作并获得了巨大的成功；只受过三年正规教育，被老师认定是一个智力迟钝的学生——爱迪生，在经过不懈努力之后，成为了最伟大的发明家之一。失败并不可怕，只要你在失败中不断地积累经验，终究能将失败变成财富。

枕边细语

1.正确面对失败

日本著名实业家原安三朗曾说："年轻时赚100万元的经验，并不能成为将来赚10亿元的经验，但损失100万元的经验，倒可以培养赚10亿元的经验，逆境是锻炼人最好的机会。”一个不能认识和接受失败的人，也无法看清楚成功的本质，从失败的教训中学到的东西，往往比从成功中学到的还要深刻。成功，总是在经历多次失败之后才姗姗来迟，正确面对失败，才是走向成功的重要素质和能力。

2.积累失败的经验

美国著名心理学家贝弗利·波特认为，当一个人在工作中的失败感大于他所取得的成就感时，就很有可能会对自己的工作失去热情，而当这种失败感以一定的频率固定出现的时候，他就很容易对自己的工作产生倦怠。面对失败，我们需要做的并不是自甘堕落、自暴自弃，而是不断积累失败的经验，让失败成为一笔财富。

3.在逆境中奋进

在人生道路上，成功没有巅峰，追求没有止境，短暂的荣誉往往会束缚人们前进的手脚，一时的辉煌往往会消减人们的斗志。而失败，让人痛心更催人奋进，让人难堪更让人坚定，让人们在放弃时能鼓足勇气，想逃避时能拾起自尊。失败是成功的前奏，失败是一笔财富，失败能够使人不断地反省自己，在逆境中奋进，在低谷中抓住机遇，不断冒险与尝试，最后采摘成功的果实。

4.保持积极的心态

其实，遭受失败并不可怕，关键是用积极的心态来面对。只要我们能改变心态，把每一次的失败都当作考验自己的机会，把它当作超越自己的一次机遇，那么，我们就不会沉浸在痛苦里，甚至会感谢失败让我

们看清了真相，获得了经验。失败会让人变得成熟，它是人生的一笔宝贵财富。

越努力越幸运的女孩

许多年轻女孩对身边那些做出成就的人总是抱以羡慕嫉妒的眼光，从而感叹自己命运多舛，运气很差。不过，年轻女孩请重新审视一下自己，真的是因为运气很差吗？运气往往与努力相连，如果足够努力，那好运自然会到来。在这个世界，没有无缘无故的好运，所有的好运都是努力而来的。做人做事有多努力，就会有多成功。年轻女孩，永远记住一句话：越努力，越幸运。

正如一位哲人所言：成功者大都起始于不好的环境并经历许多令人心碎的挣扎和奋斗。他们生命的转折点通常都是在危急时刻才降临。经历了这些沧桑之后，他们才具有了更健全的人格和更强大的力量。

在不少人眼里，莎莉是一个努力的女孩，她几乎一年365天都在工作。在几年前，她看起来还有点婴儿肥，现在却摇身一变成为了纤瘦的励志女神。当然，莎莉的变化不仅仅在外表上，而且陆续推出了有影响力的作品，其能力也得到了大家的认可，可以说成为了圈内的劳模代表。

但是，面对这些变化，莎莉却说："我希望努力度过每一天，做最棒的自己，努力是我一个很好的开始。"其实，莎莉从小没有想过自己会成为活跃在大荧幕上的明星。小时候莎莉的父母对她要求很严格，让她学画画、硬笔书法、琵琶等，涉猎广泛，在这个过程中莎莉慢慢明白努力有多么重要。父母经常对莎莉说：“你可以不是第一名，但你一定要是最努力的那一个。”所以，一直以来莎莉都坚信“越努力越幸运”，她希望通过自己的努力来赢得一次又一次的好运。她说：“加倍努力，终于让我化茧成蝶。”

在通往成功的道路上，任何的抱怨都无济于事，任何的借口都是白搭，唯有努力才是真刀实枪的本事。努力的年轻人，不用去寻找好运，因为他本身就是好运。越努力越好运，这确实是一个成功的奥秘。努力本身带给我们有益的东西远远大于成功，在努力的过程中，不断磨练，不断尝试，到成功的那一天，所有的努力都会聚沙成塔，从而成就自我。

枕边细语

1.努力吧，女孩

你知道吗？风往哪个方向吹，草就往哪个方向倒。年轻女孩要做风，即便最后遍体鳞伤，也会长出翅膀，勇敢地飞翔。努力吧！在路上的年轻女孩。一个年轻女孩如果缺少棱角、缺少勇气，无法选择自己的路，那她就只能成为被风吹倒的草。所以，大胆走自己的路，总有一天你会成为翱翔的雄鹰，繁华褪尽后剩下的只有荣光。

2.女孩，别浮躁

年轻女孩，请放下你的浮躁，放下你的懒惰，放下三分钟热度，放空容易受诱惑的大脑，放开容易被新奇事物吸引的眼睛，闭上喜欢聊八卦的嘴巴，静下心来好好努力。当你认真地努力之后，你就会发现自己比想象中更优秀，好运也会在期待中降临。

第08章

担当责任——尽己之责，成就非凡

美国前总统杜鲁门说：“责任到此，请勿推辞。”责任与担当，是人们终生为之奉行的准则。责任，就是必须承担的使命；担当，就是接受并负起责任。年轻女孩千万不要觉得责任离自己很远，因为培养良好的责任感有助于自己未来更好地融入社会。

女孩，请对自己的言语负责

列夫·托尔斯泰：“一个人若是没有热情，他将一事无成，而热情的基点正是责任心。”对自己的言语负责，是一笔最好的投资。

具有守诺品质的女孩，注定是人生的大赢家。女孩应该记住，只有当自己的行为正直而高尚的时候，自己所坚持的道德观念才能深入到心灵中去，并支配自己的思想和感情。

很早以前，一个犹太家庭里有一位漂亮的姑娘，待字闺中。一天，她与家人一起出去游玩，走了一段路，她感到口渴，于是就一个人去找水喝。她看见了一口井，就想舀些水喝，但是仅凭她的力气要想吊上一桶水根本不可能。她左思右想，看到四处无人，就顺着绳子下到井里去喝水。没想到她喝完水以后，发现井壁太滑，她根本就上不来。想到此刻父母找不到她肯定很担心，她又着急又害怕，后来竟然急得哭了起来。

说来也巧，一位年轻的小伙子在此路过，他听见姑娘的哭声，就赶紧过去看个究竟，姑娘因此得救了。小伙子被姑娘的美貌迷住了，同时姑娘也被小伙子乐于助人的精神所感动，两个人互相表达了爱慕之

情。不久，小伙子要出远门，两人依依惜别。临别前，两个人定下海誓山盟，他们约定等小伙子一回来，两个人就立即结婚。订婚是要有证婚人的，但是当时在场的只有他们两个人，正好在这个时候过来一只黄鼠狼，而且旁边还有一口井，于是黄鼠狼和井就成了他们的证婚人。

小伙子离开家乡后，一开始还将姑娘放在心上，但是时间一久，他就忘记了他们之间的约定。可是姑娘没有忘记，还在家里傻傻地等着小伙子归来。小伙子已经将姑娘忘得一干二净，而且和另外一个女子成了婚，过上了幸福的生活。小伙子和他的妻子先后生了两个儿子，但是两个儿子先后遭遇不幸。第一个儿子在草地上玩的时候，被一只黄鼠狼咬死了；第二个孩子到井边玩的时候，一不小心掉进井里淹死了。小伙子这时候醒悟了，他想起了自己和姑娘的约定，于是和妻子说明白了一切，与妻子解除了婚姻关系，匆匆赶回家乡，去见自己的恋人。在姑娘的家里，姑娘还在一直等待着心上人的出现。小伙子向姑娘表达了深深地忏悔，两个人在姑娘的家里举行了婚礼。

在犹太人的信仰之中，违反契约必定会受到上帝的惩罚，而信守契约，就会得到上帝的垂青，取得成功。犹太人从小就受《塔木德》的教育，他们深切了解恪守契约的重要性，只要签订契约，他们就会坚持将其执行下去，哪怕契约可能对他们不利。

枕边细语

1.女孩要言而有信

尽管父母尊重女孩，不过女孩自己不能以年龄小、不懂事为由认为

自己说过的话不会产生什么影响，不管最后是否兑现了诺言。毕竟对于女孩而言，守信用才是最重要的。当然，这时应该要求父母说话算数，这样女孩自己才会有一个好的参照物。

2.减少自己的要求

在生活中，女孩对父母应该会有这样或那样的要求，不过，这样的要求应该随着年龄的增长而慢慢减少。毕竟，当女孩年龄小的时候，控制能力比较差，要求和愿望可以多一些。不过，随着女孩年龄的增长，需要较好地控制自己，减少自己对父母的要求。

3.不要轻易许下诺言

女孩不应该在父母、同学或老师面前夸下海口，胡乱许诺，且随口说说又不能兑现，这会让自己成为一个不守诺言的人。假如别人提出一些过分的要求，女孩应该有自己的原则和底线，需要把握一个“度”，在此基础上再考虑是否可以答应对方，然后才能慢慢懂得生活中“可以”“应该”等一些概念。

4.说过的话不能兑现时应积极应对

有时候女孩子冲动时夸下海口，结果却无法兑现诺言，这时别人就会感到失望、委屈。这时女孩不能强迫对方接受许诺无法兑现的结果，而是应该主动且诚恳地向对方道歉，然后将无法兑现的原因告诉对方，以赢得对方的理解和原谅，并在以后找合适的机会兑现自己没有实现的诺言。

有些责任是必须承担的

卢梭曾说："节制和劳动是人类两个真正的医生。"即使每个年轻人都是块好铁，但总得锻炼才能成钢，就是在你为生存而付出的劳动里，锻炼了一切与理想相关的东西，比如自信、尊严、才识和能力。

沉重是生活的一部分，我们享受生活的欢乐，也要接纳生活的沉重，因为生命中有一些责任是你必须要承担的，你必须负重前行，脚步才不会太飘忽。

这一年，玛丽从大学毕业，她决定在纽约扎根并做出一番事业来。她的专业是建筑设计，本来毕业时是和一家著名的建筑设计院签了工作意向的，但由于那家设计院在外地，玛丽未经考虑就决定不去了。如果去了，她会受到系统的专业训练和锻炼，并将一直沿着建筑设计的路子走下去。可是一想到会几十年在一个不变的环境里工作，或许永远没有出头之日，这点让玛丽彻底断了去那里工作的念头。

玛丽在纽约找了几家建筑公司，大公司不要没有经验的刚出校门的学生，小公司玛丽又看不上，无奈只好转行，到一家贸易公司做市场。一段时间后，由于业绩得不到提高，身心疲惫的玛丽对工作产生了厌倦情绪。但心高气傲的她觉得如果自己单干肯定会更好，于是她联系了几个朋友一起做建材生意。本以为自己是"专业人士"，做建材生意有优势，可是建筑设计与建材销售毕竟是两码事。不到一年，生意亏本了，朋友们也因利益关系闹得不欢而散。

无奈之下的玛丽只好再换工作以挣钱还债。由于对工作环境不满意，几年下来，她又先后换了几次工作，玛丽对前途彻底失去了信心。现在专业知识也已忘得差不多了，由于没有实践经验，再想做几乎是不可能了。玛丽虽然工作经验丰富，跨了好几个行业，可是没有一段经历能称得上成功……现实的残酷使玛丽陷入了很尴尬的境地，这是她当初无论如何也没想到的。

“这山望着那山高”的想法切不可有，如果你忽略了理想必须扎根在现实的土壤里的话，结果只能被理想和现实同时抛弃。学会沉下心来，因为你在人生的过程中会看到许多山峰，但你不可能翻越每一座山峰，得到所有美好的东西。命运对任何人都是公平的，当你为没有得到而苦恼时，还是仔细想一下自己将会失去什么吧！

枕边细语

1.合理安排自己的时间

首先女孩应清楚一周内所要做的事情，然后制定一张作息时间表。在表上填上那些非花不可的时间，如吃饭、睡觉、上课、娱乐等。安排好这些时间之后，选择合适的、固定的时间用于学习，必须留出足够的时间来完成正常的阅读和课后作业。当然，学习不应该占据作息时间表上全部的空闲时间，总得给休息、业余爱好、娱乐留出一些时间，这一点对学习很重要。

2.学习之前养成预习的好习惯

女孩在认真投入学习之前，先把要学习的内容快速浏览一遍，了解学习的大致内容及结构，以便能及时理解和消化学习内容。当然，你要

注意轻重详略，在不太重要的地方可以一略而过。

3.注重课堂时间

学习成绩好的女孩子很大程度上得益于在课堂上充分利用时间，这也意味着在课后可以少花些功夫。所以，女孩子在课堂上要及时配合老师，做好笔记来帮助自己记住老师讲授的内容，尤其重要的是要积极地独立思考，跟上老师的思维。

4.保持合理的学习规律

女孩子应保持合理的学习规律，比如在课堂上做的笔记要在课后及时复习，不仅要复习老师在课堂上讲授的重要内容，还要复习那些你依然感觉模糊的知识。如果你坚持定期复习笔记和课本，并做一些相关的习题，你定能更深刻地理解这些内容，你的记忆也会保持得更久。

责任感，让你脱颖而出

林肯说："每一个人都应该有这样的信心：别人所能负的责任，我必能负；别人所不能负的责任，我亦能负。如此，你才能磨练自己，求得更多的知识而进入更高的境界。"

没有责任感的女孩子，她一定不会成为一个成熟的女性。因为责任感是一种来自心理上的成熟，有责任感、敢于担当，这样的女孩子才会受人赞扬。另外，责任感也是每一个成功者必备的素质，当女孩怀着高度责任感去生活、学习时，她就会表现得更加优秀、更加卓越。

李丽和张灵是同事，刚进入公司的时候，她们的职位都是采购员，薪水也是一样的。但是，没过多长时间，张灵就升职加薪了，而李丽依然在原地踏步。李丽认为这是老板不公平，她心里有一些牢骚。

有一天，李丽实在忍不住了，她向老板发起了牢骚。老板一边耐心地听着李丽的抱怨，一边在心里想着如何向她解释她们之间的差别。不一会儿，老板有了主意，他对李丽说："小李，你去集市上看看早上有什么卖的东西？"李丽听见老板吩咐自己做事，马上就去了，不一会儿就回来向老板汇报说今天集市上只有一个农民拉着一车白菜在卖。

老板问："一共有多少白菜呢？"李丽又跑到集市上回来告诉老板有30斤白菜。老板继续问："价格多少？"李丽第三次赶到集市上问来了价格，这时老板说道："好吧，你看看张灵是怎么处理这件事的。"

张灵很快从集市上回来向老板报告说："到现在为止只有一个农民在卖白菜，一共30斤，价格是5毛，白菜质量不错，我带回来一颗给您看看，这个农民在一个小时之后还会运来几袋土豆，我觉得他的价格非常公道。昨天我们店里的土豆卖得非常快，库存不多了。我想这么便宜的土豆您肯定会要一些，所以我把那个农民也带来了，现在他正在外面等着回话呢。"这时，老板对站在一旁的李丽说："现在你应该清楚为什么我会给张灵升职加薪了吧。"

张灵热情工作的基点正是责任心，实际上，责任心是健全人格的基础，是未来能力发展的催化剂，更是女孩们成长所必需的一种营养，它能够帮助女孩成长和独立。懂得自己的责任，学会负责，女孩才会有前进的动力。只有认识到自己的责任，女孩才知道自己应该做什么以及怎

么去做。

枕边细语

1.学会对自己负责

一个女孩只有懂得尊重自己的感情，尊重自己的理想，珍惜自己的年华和生命的活力，才能从自己的理想出发来安排现实生活。比如，女孩的大部分责任是学习，假如学习不够认真，那就是对自己不负责任。此外，对自己负责还包括对自己的事情负责，凡是能够自己做的事情都自己去做，包括穿衣、洗脸等等，只有女孩从小养成对自己和自己的事情负责的良好习惯，才有可能慢慢学会对父母、朋友、老师等有关的人和事负责。

2.学会善待他人

关心他人，善待他人，这是女孩子培养对家庭和社会的责任心的基础。在日常生活中，女孩应主动关心老人、病人和比自己小的孩子；当爷爷奶奶生病的时候，学会照顾他们；知道朋友的生日，并在生日那天给朋友送上一份生日礼物。

3.学会反省

女孩子需要适时反省。当女孩在分析问题的时候，只会考虑到别人的过错，总是为自己找借口，这有可能会导致她们缺乏责任心。遇到了不能解决的困难，就把责任推到父母头上去；学习成绩不好，就把责任推到老师头上去。这些都是不良的行为习惯，女孩应该清楚，面对任何事情，首先应该反省的是自己，分析自己的过失，明白自己在这件事中应该负什么样的责任。

勇敢面对，别再逃避

在生活中，有许多习惯寻找各种理由为自己没有完成的事情而推卸责任的人，他们将本该自己承担的责任转嫁给他人。试想，一个逃避困难、不敢承担责任的人，势必缺乏做事的能力和魄力，没有人会相信他能做好事情。

爱默生说："责任具有至高无上的价值，它是一种伟大的品格，在所有价值中处于最高的位置。"如果你想要更出色，就不要害怕承担责任，因为责任是你走向成功的起点，责任是超越自我的必要条件，责任往往能成就一个人的成功。无论做什么事情，只要认真地、勇敢地担起责任，你就能得到别人的尊重。

阿基勃特是美国标准石油公司的一名小职员，他平日对人很诚恳，工作十分努力，但是，他给人印象最深刻的还是那个绰号——"每桶4美元先生"。

原来，阿基勃特每次出差住旅店的时候，他总是会在自己签名的下方，认真地写上这样一行字"标准石油每桶4美元"。而在平日来往的书信和各种收据上，只要是他的签名，他也一定会写上那句话。时间长了，同事不再叫他阿基勃特先生，而是称他为"每桶4美元先生"了。

有一天，这件事情被公司上层知道了，就连公司当时的董事长洛克

菲勒也听说了这件事。洛克菲勒很惊奇地说："本公司竟然有这样的职员，他无时无刻不在宣传公司的产品，我一定要见见他。"于是，他热情地邀请了"每桶4美元先生"共进晚餐。

后来，洛克菲勒董事长卸任，"每桶4美元先生"，也就是阿基勃特先生成为了标准石油公司的董事长。

其实，签名的事是标准石油公司任何一名员工都能做的事情，但是，却只有阿基勃特做到了。或许，在当初嘲笑他的人中，肯定有不少有才有志的人，但是，因为缺乏"每桶4美元先生"的那么一点责任感，到最后，只有阿基勃特成为了董事长的接班人。

责任使人进步，逃避使人退步。一个优秀、有魄力的人，应该怀有很高的责任感。对自己负责，对自己所做的一切负责任，无论那些事情是对还是错。但是，在现实生活中，敢于承担责任的人早已经微乎其微。

有一个小姑娘到东京帝国酒店做服务员，这是她进入社会的第一份工作。但是，让她万万没有想到的是上司会安排她去洗厕所。而且，上司对她的工作要求很高：必须把马桶洗得光洁如新！

怎么办呢？是接受这份工作，还是另谋职业？小姑娘陷入了矛盾之中，这时，一位曾洗厕所的先辈不声不响地为她做了示范，当他把马桶洗得光洁如新的时候，他竟然从中舀了一勺喝了下去。看到对方的工作态度，小姑娘明白了什么是工作，什么是责任。

于是，她漂亮地迈出了职业生涯的第一步，同时，也踏上了成功之路。后来，她所清洗的厕所，从来都是光洁如新，而且，她也不止一次

喝过马桶里的水。几十年过去了，她曾担任日本政府的邮政大臣，她就是野田圣子。

在做事的过程中，放弃责任就等于放弃了成功的机会，因为强烈的责任感能激发一个人的潜能。我们经常可以看见这样一些人，他们缺乏最基本的责任感，当有人强迫他们工作的时候，他们才勉强应付工作，这样，他们又怎么会发挥出自己的潜能，怎么会有自己的魄力呢？

在生活中，每个人都扮演着不同的角色，而每种角色又承担着不同的责任，我们最大的成功就是完成自己的责任。因为内心的责任感会让我们在困难时咬牙坚持下去，在成功时保持清醒的头脑，在绝望时坚决不放弃。承担责任，在某些时候，并不单单为了自己，也是为了别人。

枕边细语

1.别逃避责任

在生活中，害怕承担责任的人屡见不鲜，但是逃避责任却是一件不光彩的事情。那些不敢于承担责任的人，他们往往打着这样的借口："这不是我的错""我不是故意的""本来不会这样的，都怪……""这不是我做的事情"等等。其实，这些都是他们逃避责任的借口。只是，在他们成功地推卸责任的同时，他们也失去了做事应有的魄力。因为，一个敢于承担责任的女孩，她总是充满着魄力，浑身洋溢着无尽的神采。

2.别推卸责任

在一个严重错误发生之后，大多数人会为自己找借口，或者把责

任推到相关的人身上，因为害怕承担自己抉择的后果，他们选择了逃避责任、推卸责任。但是，在任何年代，那些敢于承担责任的人都是勇敢的、无私的，责任成为了他们不断前进的动力。

坚定内心，保持高度责任感

不管女孩处于什么样的环境，唯一不能放弃的就是责任，不管别人对自己是褒还是贬，都需要一如既往地走下去，接受了，就意味着你要负责到底。谁放弃了自己的职责和责任，谁就放弃了人生的基石。从来没有人愿意去做责任的逃兵，从接受任务那天起，就认定了自己的责任，并且愿意承担自己的责任，永远不放弃。

众所周知，麦克阿瑟是一位备受争议的人物。在他的心里，充满着强烈的成功欲和表现欲。麦克阿瑟的母亲出身于贵族家庭，在他很小的时候便向他灌输功名思想，母亲如此的做法使得他从小就树立了强烈的责任意识。不过，另外，这也让他养成了一些坏习惯，比如好大喜功，争强好胜，对于一些小事情总是不屑一顾，不愿意去做。

1903年，年仅23岁的麦克阿瑟以优异的成绩毕业于西点军校，随后被分配到工兵部服役。刚开始，他被安排到萨克拉门和圣华金谷参加一座矿井的管理工作。不过，麦克阿瑟觉得这项工作很没趣，没有任何挑战性，于是情绪变得很低落。

第二年，麦克阿瑟与第三工兵营一起被派往菲律宾执行任务，回国后进入华盛顿的一所高级工程师学校进行深造。在学习期间，幸运的他成为了西奥多·罗斯福总统的兼职低级军事助手。与学校里枯燥的学习相比，白宫里的社交活动更令他感兴趣，以至于他荒废了学业。这使得学校的校长大为不满，他曾抱怨："我不得不遗憾地如实报告，麦克阿瑟中尉缺乏职业热情，他表现平平，比西点军校的履历表上所记载的要低能得多。"

后来，毕业后的麦克阿瑟被分配到密尔沃基，主要是做一些工程计划和监督工程实施情况的工作。对争强好胜的麦克阿瑟而言，这一点点权力并不能使自己满意。他经常会离开自己的工作岗位去寻找一些更有兴趣的事情，对此，他的长官表示："我认为麦克阿瑟中尉在执行任务时没有表现出推荐书中所列出的优点，他除了相貌英俊、仪表堂堂之外，所履行的职责无法令人满意。"

这样的评论被麦克阿瑟知道了，他很是不满，当即反驳说："在任职期间，我一直认为自己行为得体，遵守纪律，没有什么出格之处，少校如此评价令人伤心。如果这样下去，我认为自己没有必要在军中再继续干下去了。"不仅如此，他还越级上报给更高的长官，心想可以为自己讨回公道，出乎意料的是，麦克阿瑟当场被批评，长官指责他不应该越级汇报，说他这种违反规定的行为本身就证明别人对你的报告是正确的。

我们可以猜测出后来的结果，经过了这样一番考验之后，麦克阿瑟才真正地成长了起来。最终，他没有因外界的非议和指责而堕落下去，而是更勇敢地承担起了肩上的责任，最终走向了成功。

因此，在任何时候，我们都需要坚定信念，保持高度的责任感，这会让我们抵御外界的诱惑，成功地履行自己的职责。如果我们在履行自己的责任时，可以不计较个人荣辱得失，心灵不再被迷雾所遮盖，不被任何诱惑所吞噬，那我们就成为了一个有责任感的人。

枕边细语

1.不做逃兵

一旦我们接受了某种使命，比如成为了某公司的一名员工，那我们就应该为自己的所作所为负责到底，永远不要成为使命的逃兵，也不要总是抱怨这抱怨那。因为这一切都是我们的责任，如果你总是觉得别人对你的评价是不中肯的，那只能证明你没有履行好自己的职责和责任，这就是西点军校告诉我们的真理。

2.不被外界所迷惑

不管我们处于什么环境，都不要被外界的诱惑所迷惑，一定要坚持自己的使命和职责，这样我们才会成为一个有责任感的人，才能真正地成熟起来。诚然，在履行职责的过程中，我们可能会遇到一些诱惑，心灵也可能会短暂地被迷雾所遮盖，这时如果不坚定自己的信念，那就有可能会做出一些有违于自己责任感的事情，甚至会破坏自己已经履行的职责。

别把“借口”当挡箭牌

不找任何借口所体现的是一种负责、敬业的工作精神，一种诚实、主动的态度，一种完美、积极的执行力。在很多时候，借口是毫无意义的。“没有任何借口”，让自己养成了不畏惧的决心、坚强的毅力，以及完美的执行力。不管自己遭遇了什么样的环境，都必须学会对自己的一切行为负责。

我们应该想尽办法去完成任务，而不是为没有完成的任务去寻找这样或那样的借口，即便是看似很合理的借口，那也是不被允许的，而应该有一种不达目的不罢休的毅力。在生活中，我们要知道，做任何一件事情，只要我们努力去做，就不可能不成功，千万不要把借口当作自己的挡箭牌，你不可能一辈子依靠“借口”而活。

张三和李四是两个裁缝师傅，有一次，他们在一起工作时，张三需要将手中的针交给李四。不过，就在快要交接的时候，张三手中的针掉到了地上，当时又是昏暗的傍晚，屋里光线很暗，实在不容易找到那根针。

在这个时候，他们应该怎么办呢？我们可以设想一下，起码会出现以下三种情况。

首先是，张三和李四开始吵架，李四指责张三没拿稳针，张三则怪李四动作慢了才会导致针掉在地上，他们一直在争论着这是谁的责任，压根忘了地上的针。

其次是，张三和李四纷纷表示应该先找到针才是正事，所以接下来的几个小时，他们都会在地上找针。

最后是张三和李四为了尽快找到针，分头行动，一个从这边开始找，另一个从那边开始寻找。

那么，我们可以猜想一下，上面三种情况哪种最有可能找到针呢？

几乎所有的人都知道第三种情况能最快地找到针。如果总是埋怨对方，总是为自己找借口，事情永远也办不好。故事很简单，但是蕴涵的哲理却很深刻，如果两个人各自为自己开脱，“这与我没关系”“这不是我的责任”，那么只能让麻烦越变越大，根本就不能解决遇到的问题。找各种借口为自己开脱，只会欲盖弥彰。这样一来，就会给别人留下不能按时完成任务、能力差的印象。长此以往，这种人的地位会越来越低，其他人也不愿意和这种老是找借口的人合作，他们害怕有一天，这种人也会将所有的原因都推到他们身上，将自己身上的责任推得一干二净。

也有一些人在遇到问题的时候，不会想着找借口，而是会尽快想到解决问题的办法，将问题解决。这样的人责任心很强，他们对自己做不到的事也不会找各种各样的借口，他们会真诚地说出自己为什么没能及时将问题解决，并且用各种办法在最短的时间内将问题解决。这样的人是不会轻易许诺的，如果真的许下什么诺言，他们一定会想尽各种办法实现诺言。

枕边细语

1.没有借口

即使有什么问题没有解决，也别费尽心思地去找各种借口为自己辩

白，而应该将所有的情绪都放下，先解决问题，因为解决问题才是最关键的。

2.别推卸责任

在现实生活中，我们经常会听到这样或那样的借口。当人们做不好一件事情，或者完不成一项任务时，就会有很多借口在那里，在借口的遮挡下，他们很容易就学会了抱怨、推诿、迁怒甚至愤世嫉俗。其实，最终他们都没发现，借口就是一个敷衍别人、原谅自己的“挡箭牌”。寻找借口，只是为了掩盖了自己的弱点，推卸自己的责任。

第09章

纯真温厚——心善则美，心纯则真

女孩，心善则美，心纯则真。安守清寂，不染风尘，与阳光同行，与快乐牵手，将善良种植心间，以感恩的心行走于世界。修炼纯真温厚的性格，与人为善，便能为日后的人生路途积攒优质的人脉资源。

善良的女孩，世界会宽待你

女孩，要学会与人为善，做一个有爱心的人。有爱心的女孩是善良的，善良是一种心态，一种为人处事的方式，体现于日常生活中无意的行为，但不管做什么事情，那都是她们发自内心的。如果问什么样的女孩才是最有魅力的呢？或许，有人说是漂亮的女孩有魅力，衣着华贵的女孩有魅力，年轻的女孩有魅力，但是，我想这些所谓的魅力都只是暂时的，只有善良的女孩才会绽放永久的魅力。

善良的女孩或许外表很一般，但善良让她光采照人，如果她外貌也漂亮，那善良无疑会为她锦上添花。善良的女孩是优秀的，我们之所以将“善良”作为评价女人的标准之一，是因为善良是这个世界上最美好的情操。所谓“人之初，性本善”，有人说善良的女孩像明矾，她们使世界变得澄清。

别林斯基说：“美丽，都是从灵魂深处发出的。”女孩的魅力并仅仅在于容貌，魅力来自真诚、魅力来自善良、魅力来自温柔、魅力来自自信、魅力来自爱心。而善良与爱心，往往是女人魅力的精华所在。女孩的

内心深处隐藏着一种母性的潜力，那就是爱心。爱心常常是女孩魅力的精华所在。一个有魅力的女孩，她会通过自己的实际行动来展现自己的魅力，就比如自己的爱心。一个有爱心的女孩，通常是不会被人拒绝的，人们看到在她们美丽的外表下，还有一颗善良的心，就会对她们充满敬佩之情。

有爱心的女孩离幸福最近，她们永远记得去乐施，但是却不计回报。表明上看起来很吃亏，但是实际上这是做人的聪明之处，也是她的人格魅力之处。当然，爱心并不是施舍，爱心也并不是怜悯。爱心是需要你以平等的态度付出，有爱心的女孩，必然会有一颗仁慈博大的心。

俗话说："赠人玫瑰，手有余香。"虽然只是一件很平凡微小的事情，哪怕如同赠人一支玫瑰般微不足道，但是它带来的温馨却会在赠花人和爱花人的心底慢慢升腾、弥漫，甚至覆盖。有时候，你一个发自内心的小小的善行，就有可能铸就大爱的人生舞台。

美国文学家切斯特菲尔德说："用你喜欢别人对待你的方式去对待别人。"每个人都需要被理解、同情和尊敬，推己及人，女孩在与人相处的时候，就应该适时表现出自己的善良。

枕边细语

1.怀揣一颗爱心

一个再怎么漂亮的女孩，一旦被发现表里不一也难免会使人心生厌恶之感。如果你和一个充满爱心的女孩在一起，你就会感受到一种心灵的洗礼，感到这个世界的美好。爱心是一切爱的由头，似乎也是女孩与生俱来的天分，女孩要发挥自己的天分，用爱心打造一颗完美的女人心。

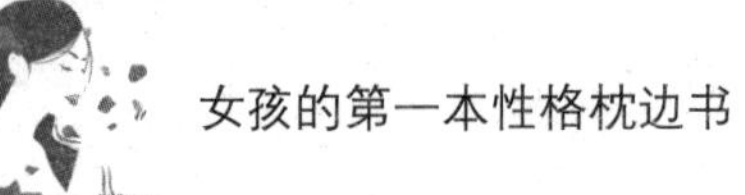

2.对人对事，与人为善

对人对事，与人为善，豁达一些，或是对迷途的人说一句提醒的话；或是对自卑的人说一句振作的话；或是对痛苦的人说一句安慰的话。只是一句简单的话，既不需要花费什么金钱，也不需要耗费你多少精力，而对需要你帮助的人来说，却相当于旱天的甘霖，雪中的炭火。

把快乐传递出去

培根说："如果你把快乐告诉一个朋友，你将得到两份快乐。"将快乐与他人分享，这本身就是一件很快乐的事情。在庆祝登月成功的记者招待会上，有一位记者突然向奥尔德林提出了尖锐的问题："作为同行者，阿姆斯特朗成为了登陆月球的第一个人，你是否感觉有点遗憾？"顿时，现场的气氛一下子紧张了，在大家有点尴尬的注视下，奥尔德林风趣地回答："各位，千万别忘记了，回到地球时，我可是最先迈出天空舱的，所以我是从别的星球来到地球的第一个人。"大家在欢快的笑声中，给予了他最热烈的掌声。

曾经有人说："一个快乐让人分享后就会变成两个快乐。"当你把快乐分享给别人，快乐便增值了。

在第二次世界大战期间，多克是野战医院的一名志愿者，协助医院做救死扶伤的工作。战争给士兵带来了痛苦与烦闷，面对着医院里阴沉的气氛，为了帮助伤员驱走心中的阴云，给予伤员战胜痛苦的力量，多

克在医院的墙上写下了一句话：“没有人会在这里死去。”他的行为引起了人们的注意，大家都看到了这样一句话，同时，都记住了这句话，伤员们为了不让这句话落空而坚强地活着，众多医护人员对伤员也给予了精心的照顾，大家对战胜死神充满了信心。多克的那句话给大家带来了好心情，带来了战胜痛苦的力量，最后，伤员们都康复出院，重返战场。

二战结束后，多克成为了一名邮差，他坚信自己除了给人们带去邮件之外，还能够给人们传递快乐。因此，在送邮件的路上，他总是带着许多纸条，上面写着鼓励的话语“别烦恼，今天是个不错的日子”“笑口常开”等等。有他在的地方便有快乐。

多克将自己的快乐分享给他人，成为了那个传递快乐的人。在生活中，人们都希望自己的生活充满快乐，但快乐却不会常常光顾我们。我们不仅要善于去发现快乐，更要把快乐传递给他人。当然，要想带给他人快乐，首先我们自己要快乐，如果自己都不快乐，用什么去传递给别人呢?

做一个传递快乐的人，我们要善于去发现隐藏在生活中的快乐，并把这一份快乐传递给他人。有时候，一个微笑，一声问候“您好”，都能给对方带去快乐，帮助盲人过马路，帮助路人提提行李等等，这些都能够将自己的快乐分享给他人。传递出自己的快乐，这是一种难能可贵的爱心。

枕边细语

1.学会分享

与他人分享自己的快乐需要有两个前提，一是自己是快乐的，二是自己乐意分享。因此，我们首先要学会分享，分享的道理其实很简单，假如你有2个苹果，只留下了1个，把另外1个给别人吃，当你给别人时候，你并不知道别人能给你什么。但是你一定要给，因为当他吃了你的苹果之后，他有可能会给你橘子或橙子，你得到的水果种类将会不断增加。只要你确立了这样一种“交换能力”，你在这个世界上将会不断地得到别人的帮助。因此，当我们有了好吃的、好玩的东西时，不要忽略了身边的人，学会分享，我们会从中获得快乐。

2.不要以自我为中心

当我们心中只有自己的时候，我们已经忘记了分享。但是，当快乐来临的时候，假如只有自己一个人体会到了，那只会让你觉得孤单。同样的道理，如果身边的朋友有了快乐，他也会对你关闭“分享之门”，我们到最后就只剩下了孤单。所以，无论是聚会还是学习，我们都不要以自我为中心，有了快乐要乐于与大家分享，因为与他人分享快乐本身就是一件快乐的事情。

3.我们要学会分享快乐

子曰：“独乐乐，与人乐乐，孰乐乎？”曰：“不若与人。”分享快乐，实际上就是将快乐复制，复制得越多，我们所体会到的快乐就会越多。从小，我们就是集万千宠爱于一身，但如果我们就这样独享快乐，无疑会形成自私自利的性格。因此，从小就要学会与他人分享自己的快乐，这是我们人生的必修课。

与人为善，就是于己为善

被人关心是一种美好的享受，而关心他人也是一种高尚美好的品德。人的本质就是爱的相互存在，我们的生活是由与他人的相互交往而构成的。学会关心他人，就要求我们善于理解他人，随时准备去支持他人，并从行动上去关心他人。得到他人的关心是一种幸福，关心他人更是一种幸福，正如歌谣中所唱“只要人人都献出一点爱，世界将变成美好的人间”。

12岁的李斯特在维也纳成功举办了一次演奏会，演出结束之后，音乐大师贝多芬走下台去，把李斯特搂在怀里，在他的额头上吻了一下。顿时，李斯特像得到了什么宝贝似的，激动得快要昏过去了，他难以忘怀这一刻。后来，李斯特成了著名的音乐家，在其漫长的教学生涯中，对于那些学生，他总是以贝多芬的方式——亲吻额头来作为奖励，并对他的学生说：“好好照料这一吻，它来自贝多芬。”他曾这样说：“我们应该继承贝多芬传递给我们的东西，把它继续发展下去。”直到今天，我们依然在传递“贝多芬之吻”，这是因为有太多的人需要被关心。

枕边细语

1.学会关心父母

在一个温馨的家庭里，成员之间是需要互相关心的，特别是要关心为我们操心的父母。在父母面前，我们不需要掩饰自己的关爱之情：餐桌上，在夹菜的同时不忘给父母也夹一筷；出门前不忘给妈妈送上一

个亲吻；和妈妈外出购物的时候，也不忘记提醒妈妈给爸爸捎带礼物回家；切西瓜的时候，妈妈偶尔不在，总是与爸爸商量着把剩下的一半留给妈妈。总而言之，在日常生活中，我们要处处给予父母以关心，温暖他人的同时也温暖着我们自己。

2.学会与他人分享

在家庭生活中，父母常常宁愿亏了自己也不愿意怠慢了我们，通常把好吃的、好玩的、好用的都放到我们面前。这时候，我们应该学会主动与他人分享，请父母分享，即使父母推辞，我们也要坚持下去，将自己的关心送给父母。时间长了，关心他人的信念就会扎根在心底，无论面对谁，我们都会乐于将自己的好东西拿出来一起分享。

3.主动向父母了解生活的真实情况

父母担心我们受苦受难，担心我们遭受挫折，尽管他们面临着生活的许多曲折和坎坷，尽管他们有许多不快乐和不稳定的情绪，但他们总是竭力在我们面前保持稳定。因此，我们应该主动向父母了解一些生活的真实情况，与父母建立朋友关系，学会分享他们的一些喜怒哀乐。

4.学会做一些力所能及的事情

大多数女孩都有“衣来伸手，饭来张口”的坏习惯。其实，我们只有学会做一些力所能及的事情，才知道关心他人，一般情况下，乐于助人的好品质是培养出来的。所以，我们不仅要树立这样的观念，还需要付诸实际行动，逐渐去做一些自己能做的事情。比如，当劳累一天的父母回到家时，我们可以为他们盛饭、放置碗筷，饭后将所有的碗筷收到厨房，将剩菜放进冰箱里。

深谙礼仪，淑女养成记

礼貌是指人与人之间和谐相处的意念和行为，是对他人尊重与友好的体现。文明礼貌是一种品质，我们只有具备了这种优秀的品德，才能创建出一个文明的社会。中国历来就有“礼仪之邦”之称，礼貌待人更是中华民族的传统美德。作为学生的我们，一定要继承和发扬这种优良传统。礼貌是拉近自己和他人关系的一座桥梁，懂礼貌的女孩容易让别人接受，从而成为一个人见人爱的淑女。懂礼貌是现代人的一个重要标志，它是一个人的基本素养，无论是在家庭、学校、社会还是团体，我们需要展现给他人的首先应该是文明礼貌方面的素养，这将直接体现我们的整体修养。

“程门立雪”这个成语几乎家喻户晓，其实它讲的就是宋代著名理学家杨时求学的故事。杨时从小就聪明伶俐，4岁入学，7岁能作诗，8岁能作赋，被人们称之为“神童”。在他15岁时攻读经史，后来中了进士。他立志一生著书立说，曾经在许多地方讲学，受到人们的欢迎。虽然，自己已经有了渊博的学识，但他依然喜欢到处寻师访友，还曾经拜在洛阳著名学者程颢的门下，程颢临死前将杨时推荐到了其弟程颐门下。当时，杨时已经40多岁了，有了相当高的学问，但他仍尊师敬友，深得程颐的喜欢，被程颐视为得意门生。

有一年，杨时在去浏阳县的途中，不辞劳苦，特意绕道洛阳，决定拜师程颐，以求自己的学问更上一层楼。一天，杨时与学友游酢因对某个问题的意见有了分歧，为了求得一个正确的答案，他们一起去老师家请教。那是正值隆冬季节，天寒地冻，浓云密布，寒风阵阵，雪花点点，他们把衣服裹得紧紧的，匆匆赶路。不料到了老师家门口，正赶上老师在屋里打盹儿。杨时劝告游酢不要惊醒老师，于是，两人就静静地站在门口，等待老师醒来。雪越下越大，飘起了鹅毛大雪，杨时和游酢两人还站在外面的雪地里，游酢冻得受不了了，几次想叫走程颐，但都被杨时阻拦了。直到程颐一觉醒来，发现了门外站了两个“雪人”，问清了原委，程颐深受感动，从此，更加尽力地把自己的学问传授给杨时。

杨时并没有辜负老师的期望，后来，他成为了当时著名的学问家，回到南方传授程氏理学，并形成了独家学派。到后来，人们习惯用“程门立雪”来赞扬那些尊师求学的学子。

文明礼貌的行为习惯是由从小开始的长期实践而形成的，礼貌是修养的主要标志。礼貌能直接反映我们的知识和教养水平，它是道德的外衣，是德商的重要组成部分。因此，我们从小应该讲文明懂礼貌，知道哪些是我们应该做的，哪些是我们不应该做的，以此来规范我们的行为。

在生活中，最重要的是文明礼貌，它比高智慧、高学识都要重要。文明礼貌地处事待人，是我们每个女孩成长过程中必修的一课，所以，我们需要努力养成文明礼貌的好习惯。

枕边细语

1.养成礼貌待人的品德

在我们身边，父母有可能会成为我们的表率，其言行对我们的影响也是最直接、最深刻的。当父母在孝顺长辈、关心我们的时候，我们也

要以此为榜样，通过亲身体验和实践来理解文明、礼貌、热情的含义，并通过父母文明礼貌的行为来影响自己，逐步形成礼貌待人的品德。

2.懂得待客之道，或者主动参与到接客中来

我们需要懂得待客之道，懂得一定的行为规范。比如，当亲友来访的时候，听到敲门声需要说“请进”；见了客人应主动打招呼、问好；并拿出茶点，热情地请客人吃，不要表现出不高兴的样子或者独自跑出去玩儿；父母聊天的时候，不应该随便插话；朋友来了，应该主动热情相迎；在共同进餐的人没有完全入席之前不得动餐具自己先吃；客人离开时要说“再见”，并欢迎客人下次再来。另外，我们还可以直接参与到接待中去，做一些力所能及的待客活动，通过直接参与，使自己待客的动作和技巧得到练习并逐渐养成好的待客习惯。

3.学会尊重他人

文明礼貌看起来似乎是一种外在的行为表现，其实，它与我们的内心修养，特别是我们是否具有自尊与尊重他人的意识有着十分密切的关系。我们既要懂得尊重自己，同时，还需要尊重他人，遵守社会秩序，注意自己的言行举止。实际上，文明礼貌就是我们满足自尊心的一种重要手段。

4.文明礼貌常识

首先，我们应该掌握必要的文明礼貌用语，诸如“您好”“见到您非常高兴”“欢迎光临”“晚安”“再见”“对不起”“没关系”“谢谢”等等。另外，我们还需要掌握一些礼貌行为的常识，比如，遵守公共秩序和社会公德，还有一些交往方面的礼仪等等。

爱心，从身边小事做起

爱心的力量是最伟大的，爱心的力量又是最神奇的，爱心是人间最美好的情感，谁拥有了并付出了它，谁就会拥有一个最美的世界。展现爱心需要从我们身边的小事做起的，时刻关心我们身边的人，那我们将受到人们的崇敬和赞美，而这种赞美则是由爱心所带来的。正所谓“赠人玫瑰，手有余香”，一个有爱心的孩子必然会在与他人的交往中收获到他人的爱，一个总是生活在爱的环境中的人肯定是一个幸福的人。

盲人住在一栋楼里，每天晚上他都会到楼下的花园里散步。但奇怪的是，无论是上楼还是下楼，他虽然只能顺着墙壁摸索，但却一定要按亮楼道里的灯。一位邻居忍不住好奇地问道：“你的眼睛看不见，为何还要开灯呢？”盲人回答道：“开灯能给别人上下楼带来方便，也会给我带来方便。”邻居比较疑惑：“开灯能给你带来什么方便呢？”盲人回答：“开灯后，上下楼的人都会看见东西，就不会把我撞倒了，这不就给我带来方便了吗。”在日常生活中，哪怕是一件很平凡微小的事情，就如同赠人一支玫瑰般微不足道，但它所带来的温馨却是持久而温暖的。对于我们来说，更应该从身边的小事做起，倾洒一点点爱心。

枕边细语

1.换位思考

正所谓“己所不欲，勿施于人”，我们在人际交往中，应该尽可能地体会他人的情绪和想法，理解他人的立场和感受，并站在他人的角度

思考和处理问题。简单地说，同理心就是要站在对方立场来思考问题，即换位思考。我们要学会用“同理心”去思考问题，逐渐去理解我们身边的人，并给予他们爱心。比如，面对喜欢唠叨的妈妈，以同理心思考就会理解妈妈的一片苦心；面对严厉的老师，以同理心思考就会体会到老师殷切的期望。

2.拥有正确的人生观、价值观

我们具有什么样的价值标准，与我们是否会以爱心付诸实际行动是紧密相连的。比如，俗话都说“老实人容易吃亏”，但并不是说老实人曾经吃过亏之后就不再做老实人；“人善被人欺”，但并不是说我们在被受欺负之后就不再做一个善良的人。因此，在父母以及老师的帮助下，我们要逐渐树立正确的价值观、人生观，让“真善美”充满我们的心灵，并成为我们为人处事的基本准则。

3.要富有爱心

爱心是人类最光辉灿烂的人性，也是最崇高最伟大的品德。相反，“自私自利”、“以自我为中心”则是爱心的大敌。自私与爱心一样，并不是我们与生俱来的，而是通过后天培养的。因此，我们平时要注意自己的言行举止，做到孝敬老人，关心比自己小的孩子，乐于助人，从而让自己成为一个富有爱心的人。

4.我们要懂得感恩

父母的疼爱，长辈的宠爱，让我们生活在充满爱的环境里。但是，我们却常常忽略了自己奉献爱心的机会，其实，爱是相互的，如果我们只是接受父母的爱，却并不懂得感恩，我们就会丧失施爱的能力，只知道索取，不懂得给予。因此，在享受被爱的同时，我们也要懂得感恩，多帮助父母做些家务，孝顺父母，从身边的小事做起，奉献出自己的爱心。

原谅别人偶尔的错误

谅解是人类的美德，是一种高尚的品德。它就如同一股和煦的春风，能够消融凝结在对方心中的坚冰。谅解在人际交往中有着重要的作用，有人这样说：“同志之间的谅解、支持与友谊比什么都重要。”

圣人孔子曾说：“己所不欲，勿施于人。”女孩无论做什么事情，都需要推己及人，将心比心，站在对方的角度去体会对方的感受，推想对方的处境，学会谅解朋友偶尔犯的小错误，与之建立持久的友谊。

在日常生活中，女孩有可能因为与父母的意见有分歧而产生了误解，有可能因为一点小事而与朋友撕破了脸皮，有可能因为误会而与老师的关系变得僵持。但是，无论我们是对还是错，都要学会谅解，开阔自己的胸怀，谅解对方的行为，谅解对方当时的处境，体会对方的感受，使彼此之间的关系和好如初。

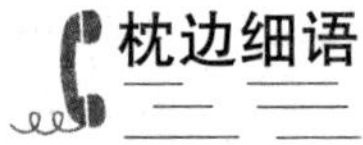

枕边细语

1.学会宽容

正所谓“人无完人”，再优秀的人也难免会犯错误，更何况是我们呢？当身边的人误解我们的时候，不要气愤，也不要怀着仇恨的心理，

我们要学会谅解，原谅对方的过错，就相当于善待自己。因为当你不能原谅朋友偶尔的错误时，你就已经失去了一个朋友，错误是无可避免的，但朋友却是可遇不可求的。因此，面对朋友偶尔犯的错误，我们应该学会宽容。

2.懂得倾听，给对方一个解释的机会

有时候，我们受了委屈，心里满是悲伤，这时候的我们不想听朋友的任何解释，只想早点与他划清关系。其实，冲动之下作出的决定有可能是盲目的，不恰当的。所以，即使自己再生气，再悲伤，我们也要懂得倾听，给对方一个解释的机会，同时，也让自己弄清事情的真相。如此一来，既是对自己负责，又是对朋友负责。

3.要诚挚地对朋友说出“没关系”

事情发生了，当朋友能够及时地认识到自己的过错，并且勇敢地对我们说“对不起”时，我们就要以更广阔的胸怀来拥抱朋友，以最诚挚的态度对朋友说“没关系”。一方面表现出我们应有的礼貌与修养，另一方面，也展现出自己宽阔的胸怀，以及充满友爱的心灵。

谦谦女孩，芳华自放

谦虚是一种优秀的品质，一个人的生命是有限的，但知识却是无限的，再勤奋的人也不可能把所有的知识学完，因为任何一个人都不可能拒绝学习。因此，女孩在知识面前一定要谦虚，凡是取得成功的人，他

们在一生中总是谦虚地学习，不断地提高自己。

我们处在一个优越的环境中，获得了一点成绩就很容易骄傲，然而，今天获得的成绩并不代表明天的成绩会一样优秀，一个优秀的孩子应该是全面发展的孩子。处于发展时期的孩子，许多品质还没有得到固定，这很容易使我们走进骄傲自负性格的误区，因此，应该克制自满的情绪，努力做一个谦虚的女孩。

富兰克林在8岁入学，虽然他成绩优异，但因父亲的收入无法负担起他的学费，于是他在10岁就离开了学校，回到家里帮父亲做蜡烛。12岁时，他到一家小印刷厂当学徒，但后来不满厂里的严格管理就私自离开了，去费城当了一名印刷工。在那里，富兰克林组织了一个“皮围裙俱乐部”，这是一个读书交友会。平时，一些年轻人会在这里交流读书的乐趣、理想和个人发展计划，由于大多数工友并没有多少知识，而富兰克林曾在印刷厂掌握了一些知识，他不禁有点飘飘然，常常在工友面前夸夸其谈，显示出自己很有学问的样子，甚至有些瞧不起其他工友，这令许多人看他不顺眼，不愿意跟他来往。

有一次，一个工友把富兰克林叫到一旁，大声对他说：“富兰克林，像你这样是不行的！凡是别人与你意见不同的时候，你总是表现出一副强硬而自以为是的样子，你这种态度令人觉得如此难堪，以致别人懒得再听你的意见了。你的朋友们都觉得不同你在一起时比较自在些，好像你无所不知、无所不晓，别人对你无话可讲了，他们都懒得来和你谈话，因为他们觉得自己费了力气反而感到不愉快，你以这种态度来和别人交往，而不去虚心听取别人的见解，这样对你自己根本没有好处，

你从别人那里根本学不到一点东西，但是实际上你现在所知道的却很有限。”富兰克林听了工友的斥责，讪讪地说道：“我很惭愧，不过，我也很想有所长进。”“那么，你现在要明白的第一件事就是，你太蠢了！”这个工友说完就离开了。

这番话让富兰克林受到了打击，他猛然醒悟了过来，觉得自己不应该再骄傲下去了，应该做一个谦虚的人，他提醒自己：“要马上行动起来！”后来，他逐渐克服了骄傲、自负的毛病，经过奋斗成为了著名的科学家、政治家和文学家。

富兰克林因为骄傲而使朋友疏远了自己，在朋友的劝告下，他醒悟了，逐渐克服了自己的缺点，变得谦虚而真诚。巴尔扎克曾这样说过：“自满、自高自大和轻信，是人生的三大暗礁。”如果我们想成为富兰克林那样杰出的人物，那么，我们从小就要培养谦虚的品质，当自己在学习上获得优异的成绩时，要克服自己骄傲自满的情绪，保持一颗平常心，不要沾沾自喜，自以为是。

如果我们有了一点成功便觉得自己很了不起，这是很不好的。优秀的女孩更需要虚心接受老师与父母的教诲，需要倾听朋友的意见，这样才有可能走向成功。

枕边细语

1.要勇于接受批评，看到自己的缺点

我们从小就处在父母的夸奖中，受到许多人的关注，成长在一个受表扬和鼓励的环境中，变得更加自信。但是，在夸奖声和赞美声中，我们只能看到自己的优点，却看不到缺点，这对我们的成长极为不利。所以，要比较全面地了解自己，就要勇于接受批评，看到自己的缺点，虚心接受父母与老师的教育，这样我们才能全面、健康地发展。

2.抑制骄傲自满的情绪

我们还处于学习知识、积累经验的阶段，对于内心蔓延出来的自高自大，应该保持警惕心理，鼓励自己多读书，任何一个人都没有骄傲的资本。我们要清楚地知道“谦虚使人进步，骄傲使人落后”的道理，并付诸于实际行动，做一个谦虚的女孩。

3.以成功人士为榜样

任何一个成功人士都非常谦虚，我们可以通过老师或者书籍了解名人的故事，以名人的事例来激励自己懂得谦虚。当我们有了自己崇拜的成功人士，并且了解了他们成功的经历，就会逐渐使自己养成谦虚的好品质。我们需要明白只有谦虚的人才会不断地提高自己，才能在学习上及未来的工作中取得更大的成就。

第10章

果断性格——毫不犹豫，心定神闲

果断是良好的意志品质。女孩们平时通过各种途径去了解外部世界、了解社会、了解自然、了解他人，可却往往忽视了对自己的了解。女孩需要培养果断的性格，当断不断，必受其乱，面对众多的抉择，应做到不徘徊、不犹豫，心定神闲。

做决定，规划你的未来

古语云：凡事预则立，不预则废。女孩在行动之前要有目标，但仅仅有个目标还不够，在把理想铺铸成现实的道路上，女孩还应该做好规划，规划不仅仅是一种前景目标，一张蓝图，它更是你行动的路线图。目标是可以看得见的靶子，每个人都能看到，大家都在朝它开枪，但并不是谁都能打得快和准。

志存远大，这是一直被我们推崇的。但是在现实中，仅仅有一个清晰的目标还远远不够。如何开动脑筋，尽快突破小目标，实现大目标，才是女孩们最应该费心思考的问题。

作为女孩，谁都妄想自己能一步登天，一夕成名，一下子便成为一个亿万富翁。有目标、有憧憬是好事，但善于规划才是硬道理。

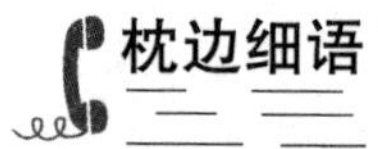

1.原则是白天学什么，晚上复习什么

不管你学习计划的重点是什么，比如补习自己薄弱的科目，或增强

自己的长项等等。但学习计划内容的其中之一必须包括你白天学习了什么，当天就应该复习什么，这不仅仅是巩固新知识，而且是一个短期计划的实施，只有打好了每一天的复习战，才能确保长远计划的实施。

2.补弱项还是增强项

通常情况下，弥补弱项，比起强化强项，更容易获得进步。原因之一就是使用在强项中总结出的好的学习方法往往可以弥补自己的弱项。比如，假如你的英语处于中级阶段，语文处于初级阶段，那么，你就可以把已经证明有效的英语的学习方法用于语文，比如把英语背单词的方法用于背语文字词、把英语阅读的解题技巧用于语文阅读题等。而且，学习自己比较差的课程，使用相对低级的学习方法就可以取得进步，而越是低级的学习方法越容易被掌握。

3.解决自己在课程学习中的漏洞

女孩可以通过总结考试、分析以前做过的题目、课堂再现等方法，找出自己课程学习中的漏洞，然后，根据这些漏洞的严重程度以及对目前学习影响的程度，确定最先弥补的漏洞。假如最弱的课程尚未进入初级阶段，那女孩必须找到入门的方法，假如这门课程处于中级阶段，那就需要进一步突破。

果断出手，才能抓住人生的机遇

培根说：“智者创造的机会比他得到的机会要多。”“抓住机遇”

这句口号在日常的生活中经常能够听到，有人说：“机遇青睐有准备的人。它不相信眼泪，它与怯弱、懒惰无缘。”也有人说：“机遇稍纵即逝，目光敏锐、勇敢果决者常常能获得它。”

其实，机遇对任何人都是平等的，能不能抓住它，主动权在自己手里。机遇在人的一生中扮演着重要的角色。机遇无处不在。抱怨没有机会的人，实际上是不善于识别机会和发现机遇的人，他们总是在仰望远处的高山，却忽视了脚下的矿石。

女孩，不要总是抱怨没有好的机会降临在你身上，不要总想着会有兔子撞到你面前。成功的机会无处不在，关键在于你是否能紧紧地抓住。聪明的女孩能从一件小事中得到大启示，有所感悟，从而化成成功的机会；而愚笨的人即使机会放在他面前他也浑然不知。

枕边细语

1.将时间分为学习时间和非学习时间

时间可以分为学习时间和非学习时间，非学习时间包括吃饭、睡觉、走路、娱乐、锻炼等必须支出的时间，学习时间可以分为两大类：一是上课时间，一是自习时间。在平时的生活中，我们不能挤占非学习时间，因为这是高效学习的基础；对于上课时间，可以按照老师的进度来进行，别利用这段时间做其他的事情，否则会本末倒置。而剩下的就是自己可以自由支配的时间，把它们按照前面所制定的学习计划分配到每个科目上去，遵循了科学规律，自然会提高学习效率。

2.科学安排时间

科学研究表明，在一天24小时中，人的学习工作效率有高潮和低潮两种不同的情况，大部分人在上午8~10时、下午3~6时、晚上8~10时是学习效率最高的时间。上午8时大脑具有严谨、周密的思考能力，而晚上8时记忆力超强，而中午1时左右是脑力和体力的低潮。每个学生具体的自身情况只有自己才最明白，因此也必须要明确自己在各个时间段的状态，按照自己每个时间段的特点相应地分配学习任务，这样才可以提高效率。将那些整段整段的时间用来完成需要思考的学习任务，比如做数学题、研究语文主观题的答题思路等，零散时间可以用来记忆最基本的知识，比如单词、公式等，思维能力强的时间段可以用来做理科方面的题目，记忆能力强的时间段可以用来记忆文科方面的知识。

3.利用零散时间

时间对于每个人而言都是公平的，每天都有24小时，实际情况却并不是这样。大部分学生发现自己的时间根本没办法满足学习的要求，其中一个主要的原因是有很大一部分时间十分零散，比如课间时间、等车时间、睡觉前的时间等。我们很容易忽略了这些零散的时间，它们看起来是如此不起眼，不过，汇集到一起就不一样了，因此我们要善于利用零散的时间来学习。比如利用这些时间用来记忆单词、语文基础知识、数学公式等。此外，还需要好好利用双休日和节假日，许多学校会利用这些时间补课，不过不可能全部用完，那剩下的时间积攒起来还是十分多的。

犹豫，让你错失先机

美国著名成功学大师马克·杰斐逊说：“一次行动就足以显示一个人的弱点和优点是什么了，也能够及时指引此人尽快找到人生的突破口。”

确实，想要达成某种目的，必须要有可行的方案，而且将计划落到实处，这样的计划才有意义。也许有女孩说“心想事成”，当然，只有首先有了想法才能有成功的可能，但是许多人只是把想法停留在空想的阶段，而不会落实到具体的行动中，最后这些空想终究无法成为现实。

有一天，老鼠大王召集了许多鼠族成员召开一次会议，大家围在一起商量如何对付猫吃老鼠的问题。当老鼠大王抛出了问题，老鼠们都积极发言，出主意，提建议，不过会议持续了很久，最终也没有找到一个可行的方法。

这时，一个平时被大家称为最聪明的老鼠对大家说：“我们与猫多次作战的经验表明，猫的武功实在太高了，若是单打独斗，我们根本不是它的对手。我觉得对付它的唯一办法就是——预防。”大伙听了面面相觑，问道：“怎么防呢？”这个老鼠狡黠地说：“给猫的脖子上系上铃铛，这样，猫一走铃铛就会响，听到铃声我们就躲藏到洞里，它就没有办法捉到我们了。”老鼠们听了都雀跃起来：“好办法，好办法，真是个聪明的主意！”

老鼠大王听了这个办法以后，高兴得什么都忘记了，当即宣布举行大宴。可是，第二天酒醒了以后，觉得不对。于是，又召开紧急会

议，并宣布说：“给猫系铃铛这个方案我批准，现在就开始落实到具体行动中。”一群老鼠激动不已：“说做就做，真好真好！”受到老鼠们的支持，鼠王问道：“那好，有谁愿意去完成这个艰巨而又伟大的任务呢？”会场里一片寂静，等了好久都没有回应。

于是，老鼠大王命令道：“如果没有报名的，我就点名啦。小老鼠，你机灵，你去给猫系铃铛吧。”老鼠大王指着一只小老鼠说。小老鼠一听，马上浑身颤抖成一团，战战兢兢地说：“回大王，我年轻，没有经验，最好还是找个经验丰富的吧。”接着，老鼠大王又对年纪稍大的鼠宰相发出命令：“那么，最有经验的要数鼠宰相了，您去吧。”鼠宰相一听，吓坏了胆，马上哀求说：“哎呀呀，我这老眼昏花、腿脚不灵的，怎能担当得了如此重任呢？还是找个身强体壮的吧。”于是，老鼠大王派出了那个出主意的老鼠。这只老鼠哧溜一声离开了会场，从此，再也没有见到它。最终，老鼠大王一直到死，也没有实现给猫系铃铛的夙愿。

目标是否可以实现，关键在于行动。在任何一个领域里，不努力去行动的人，就不会获得成功。正所谓“说一尺不如行一寸”，任何希望、任何计划最终必然都要落实到具体的行动中。

只有行动才可以缩短自己与目标之间的距离，也只有行动才能将梦想变为现实。女孩需要记住，做好每件事，既要心动，更要行动。只有理想和目标，不去行动，成功就是一句空话。

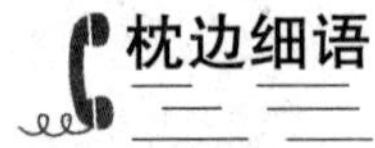

枕边细语

1.学习的目的要明确

如果你打算学习某位成功的同学，而这位同学的想法与你不会发生冲突，那他或许会将一些有效率的方法与你分享。你可以亦步亦趋地照他的方式去做，也可根据自己的目的，只把他的方法当做样板来参考。如果对方知道你在使用他的学习方法而乐于帮助你，你的感觉会更佳，学习的效果也会更佳。这时你可以通过同他交流，掌握更多的细节。你可以随时向他询问有针对性的问题，征求具体的建议等。

2.不要盲目照搬

某些因素对某些人有用，却未必对所有人都有用。因此，学习应该掌握一般性原则，不要不加选择地照搬每一个具体细节。例如，有的同学看了许多成功励志方面的书籍，他们往往喜欢学习那些成功人士，人家怎么干，他也怎么干，但最后还是一无所获。学习别人对你有用的东西才是明智的做法，如果也照搬同自己气质不协调的东西，那么就成为东施效颦了。

3.有所创新与发展

在学习的过程中，你不但要尽可能汲取更多的东西，并把这些当改变学习方法的基础，而且还要加上自己的观点。即使你的榜样能提供非常好的学习方法，你还是要设法加上自己的创新。当你感到由于加进了创新以后，新方法比旧方法有了发展时，你不妨邀请之前的榜样或者有关老师来评价一下，从而获得裨益。

拖延，让你一事无成

有人说自己是一座宝藏，挖掘得越深，获得的就越多。也有人说，自己是一匹奔腾的野马，重要的不是学会怎样提速，而是如何控制自己。

人有各种各样的优缺点，也有一种惰性，这种惰性经常导致计划落空。人在计划落空时又很容易形成新的计划，新计划其实是旧计划的翻版。结果就是，一项计划翻来覆去总没有结果。这是十分悲哀的事情。成就一番事业必须雷厉风行，要有一种魄力，说干就干，一点也不拖延。这是成就事业的一种品格。

拖延是一种坏习惯，他会让人在不知不觉中丧失进取心，阻碍计划的实施。一个人如果进入拖延状态就会像一台受到病毒攻击的电脑，效率极低。拖延最常见的表现就是寻找借口。虽然目标已经确立了，却磨磨蹭蹭，像个生病的羔羊，没有一点精神。不论什么时候，他总能找到拖延的理由，计划当然就会一拖再拖，成功却遥遥无期。

对于一个公司来说，很有可能会因为拖延而损失惨重。1989年3月24日，埃克森公司的一艘巨型油轮触礁，大量原油泄漏，给生态环境造成了巨大破坏。但埃克森公司却迟迟没有做出外界期待的声明，以致引发了一场“反埃克森运动”，甚至惊动了当时的布什总统。最后，埃克森公司的总损失达几亿美元，形象也严重受损。

那么对于一个人来说，拖延又会带来什么灾难性的后果呢？对一个渴望成功的人来说，拖延将成为制约他取得成功的桎梏。在公司没有一个老板喜欢有拖延习惯的员工，在家里没有一个妻子喜欢有拖延习惯的

丈夫。

社会学家卢因曾经提出一个概念，叫“力量分析”。他描述了两种力量：阻力和动力。他说，有些人一生都踩着刹车前进，比如被拖延、害怕和消极的想法捆住手脚；有的人则是一直踩着油门呼啸前进，比如始终保持积极、乐观和自信的心态。

哈里起初只是美国海岸警卫队的一名厨师。他从代同事写情书开始，爱上了写作。于是他给自己制定了用两三年的时间写一本长篇小说的目标。他立刻行动起来，每天不停地写作，从不停息。八年以后，他终于在杂志上发表了自己的第一篇作品，字数仅有600字。他没有灰心，退休后仍然不停地写，稿费没有多少，欠款却越来越多。尽管如此，他仍然锲而不舍地写着。朋友们帮他介绍了一份工作，可他说：“我要做一个作家，我必须不停地写作。”又过了四年，小说《根》终于面世了，引起了巨大轰动，仅在美国就发行了530万册。小说还被改编成电视剧，观众总数超过了一亿三千万，创下了电视收视率的最高历史纪录。他因此获得了普利策奖，收入超过500万美元。

所以，有了目标后，最重要的就是放弃任何借口，立刻将它付诸实施，并且坚持到底。我们常说，“千里之行始于足下”，就是要求我们行动起来，把心中的梦想通过立刻行动变成美好的现实。如果只是因为自己有一个美好的梦想就沾沾自喜，而忘记了行动的力量，那么无论天上的星星多么漂亮，你也不能够把它捧在手中；无论对岸的风景多么诱人，你也不能够亲眼目睹；无论海中的贝壳多么美丽，你也不能够把它挂在你的胸前。

你是否有这样的表现呢？今天的事拖到明天做，六点钟起床拖到七点再起，上午该打的电话等到下午再打，每天要写的文章攒到最后时刻再写，今天要洗的衣服拖到明天再洗，这个月该拜访的朋友拖到下个月再拜访。如果你有这些表现，那么你是一个有严重拖延症的人，应该立刻改掉这个坏习惯。

枕边细语

那么，拖延心理是怎么产生的呢？

1.潜在的恐惧心理

许多恐惧是我们意识不到的，许多人明明对一些事情充满着恐惧却不清楚自己到底在害怕什么，有的人声明自己并不害怕但他却一直在逃避某些事情，这些就是潜在的恐惧心理。有的人越是逃避，越是害怕，为了逃避这些，只能慢慢拖延，比如害怕繁重的工作，就早上不想起来，总觉得有一种为难情绪。

2.时间作息混乱

通常拖延症患者的时间作息表都是混乱不堪的，比如盲目乐观地估计自己的能力，他会想在睡前加班将工作完成，事实上他根本不清楚自己是否能顺利完成；恐惧确切的时间，有的人十分恐惧时间，比如总是等到主管催了一次又一次，才会交上自己的工作任务；没有具体的规划，拖延症患者根本不知道自己完成一件事情需要多久，也没办法说出自己的具体计划，他们总是想捍卫自己的自由，甚至想逃避时间的控制。

3.对最后期限的恐惧

拖延症患者行为与心理的矛盾表现为：一方面他们害怕时间不够用，担心没有时间；另一方面他们不到最后一刻绝不采取行动，几乎不能提前开始行动。哪怕是之前开始行动，也没办法坚持下去。对于大部分喜欢拖延的人而言，他们的心路历程就是这样。

4.追求完美犹豫不决

有的人喜欢追求完美，当他们在做一件事情的时候，总是犹豫不决，改来改去，临到紧急关头也拿不定主意，而无法做出决断。这些问题导致他们对自己应当做的任务一拖再拖。

来吧，说做就做

曾有人问一个做事拖拉的人：“你一天的活是怎么干完的？”这个人回答说：“那很简单，我就把它当作昨天的活。”这就是拖沓的习惯，其实，拖沓岂止是把昨天的活拖到今天来干。有人给拖沓下的定义为：把不愉快或有负担的事情推迟到将来做，特别是习惯性这样做。

如果自己是一个做事拖沓的人，那么，生活中的大部分时间都被我们浪费了。做一件事也需要花很多时间来思考，担心这个或担心那个，或者找借口推迟行动，但最后又为没有完成目标任务而后悔，这就是“拖沓者”典型的特点。拖沓对于成功来说，是一个讨厌的绊脚石，拖沓的习惯会阻碍目标任务的完成。所以，要想获得成功，就需要向着目

标立即奋进，拒绝拖沓。

说到拖沓的习惯，相信许多人都不陌生，因为在平时的生活中，随处都可以见到它的身影。在该工作的时候上网冲浪，总是对自己说："明天再去做吧。"但是，正所谓"明日复明日，明日何其多"，在拖沓蔓延的过程中，我们错过了许多完成目标的机会。

阿尔伯特·哈伯德出生于美国伊利诺州的布鲁明顿，父亲既是农场主又是乡村医生。年轻时的哈伯德曾在巴夫洛公司上班，是一名很成功的肥皂销售商，但是，他却对此感到不满足。1892年，哈伯德放弃了自己的事业进入了哈佛大学，然后，他又辍学开始到英国徒步旅行，不久之后，哈伯德在伦敦遇到了威廉·莫瑞斯，并喜欢上了莫瑞斯的艺术与手工业出版社。

哈伯德回到美国后，试图找到一家出版社来出版自己的那套《短暂的旅行》的自传体丛书，但是，他没有找到任何一家出版社。于是，他决定自己来出版这套书，他创建了罗依科罗斯特出版社，并出版了自己的书，后来他成为了既高产又畅销的作家。随着出版社规模的不断扩大，人们纷纷慕名来拜访哈伯德，最初游客会在周围住宿，但随着人越来越多，周围的住宿设施已经无法容纳更多的人了，哈伯德特地盖了一座旅馆，在装修旅馆时，哈伯德让工人做了一种简单的直线型家具，而这种家具受到了游客们的喜欢，哈伯德开始了家具创造业。哈伯德公司的业务蒸蒸日上，同时，出版社出版了《菲士利人》和《兄弟》两份月刊，而随后《致加西亚的信》的出版使哈伯德的影响力达到了顶峰。

有人说，阿尔伯特·哈伯德的一生是无比传奇的一生，他之所以能在多方面都获得成功，很大程度上在于他从来不拖沓，不断地朝着自己的一个又一个目标而努力奋进。阿尔伯特·哈伯德是一位坚强的个人主义者，一生都坚持不懈、勤奋努力地工作着，成功对于他来说是理所当然的。在《致加西亚的信》中，阿尔伯特·哈伯德讲述了罗文送信这样的情节："美国总统将一封写给加西亚的信交给了罗文，罗文接过信以后，并没有问：'他在哪里？'而是立即出发。"拖沓、懒散的生活态度，对许多人来说已经是一种常态，要想成为罗文这样的人，我们就应该拒绝拖沓。

通常来说，一个人成就的大小取决于他做事情的习惯，克服拖沓是做事情的一个重要技巧。我们要想完成既定目标，取得成功，就应该培养做事不拖沓的习惯，一旦养成了这个习惯，"完成目标，马上行动"就会成为一件自然而然的事情。

枕边细语

1.做完事情再玩

假如你觉得自己蛮有工作能力的，可以在很短的时间内将比较困难的事情做完。那就应该在接到工作任务时马上动手做，这样你完成事情之后就可以玩得更开心，而不是在玩时总想着工作的事情。

2.给自己定期限

假如你认为时间的紧迫感可以令自己发挥超常的水平，那就需要给自己制定一个期限。假如你曾经有过几次临时抱佛脚的经历，却屡遭失

败，那最好还是不要尝试这种方法了。

3.学学时间管理

平时你是否经常被琐事困扰，如果是的话，那就应该学会管理时间，最简单的方法就是要明确自己的目标，经常想想这件事不做对自己以后有什么影响。当你能有效管理时间之后，往往能够及时地完成事情。

别做喜欢抱怨的女孩

英国著名作家奥利弗·哥尔德斯密斯曾说：“与抱怨的嘴唇相比，你的行动是一位更好的布道师。”面对生活里的一丁点不如意，人们最普遍的习惯是抱怨，不停地抱怨，抱怨父母不理解，抱怨社会太现实，抱怨朋友的欺骗。于是，抱怨成为了一种习惯，然而，那些不如意的事情、悬而未决的事情并没有得到真正的解决，自己的情绪反而因为抱怨而陷入了恶性循环，这就是抱怨所带来的负面影响。我们所生活的世界每天都在发生变化，关键是，我们自己给这个世界带来了什么样的变化？

什么是抱怨呢？有人说这是一种宣泄，一种心理平衡，似乎抱怨可以将那些不如意的事情发泄出来。每个人每天都可能会面对许多不如意的事情，如果只是一时的抱怨，这还可以接受，但是，有时候抱怨久了就会形成习惯，而抱怨的根源是对现实的不满意。

王小姐是公司负责企划案的经理，最近，手头刚刚接了一个企划案，但是需要另外一个部门的配合才能有效地执行方案。可是令王小姐感到苦恼的是，自己的搭档因为觉得所附加的工作量太多，不愿意去做，而且还责怪王小姐：“我最近都很忙啊，你还拿这样的企划案来找我，真是没事找事。”王小姐心中一肚子怒火，忍不住找同事抱怨：“咱们都是为工作，我们行，她怎么就不行呢？”说着说着，王小姐发现自己的怒火越来越大，甚至哪怕是看见另外一个部门的员工，心中的火气就会“腾”地一下冒起来。

不过，抱怨之后事情还是没有被解决，王小姐意识到这根本不能解决问题，自己需要沟通。她心想：抱怨毕竟只是发泄，解决不了问题，既然是为了工作，那就应该对事不对人，我得找她沟通去。后来，王小姐找了一个机会把自己的意图跟工作中的搭档解释了一下，对方竟欣然接受了即使加班也要完成工作的要求。工作任务完成之后，王小姐长长地舒了一口气，说道：“如果当初我继续抱怨下去，就会影响我跟她继续合作的情绪，工作肯定完成不了，看来以后我得少抱怨多行动才行哪！”

有时候，女孩在生活中会遇到一些人际麻烦，有人的处理方式是跟其他人抱怨，这无疑是制造了一个“三角问题”，自己和搭档有问题，却和另外一个人去讨论这些事情。事实证明，一味地抱怨根本解决不了问题，改变事情现状最有效的方式是改变，而只有行动才能改变事情。所以，请停止抱怨，放弃抱怨，立即开始行动吧！

从前，在魏国东门有个姓吴的人，他的独生子死了，可是，他看起来一点也不伤心，仍每天早出劳作，快乐自在。有人对此感到不解：

“您的爱子死了，永远也见不着了，难道您一点也不悲伤吗？”那位姓吴的人却回答说：“我本来没有儿子，后来生了儿子，如今儿子死了，不是正和我以前没有儿子时一样吗？那些农活依然是我的工作，我又何必去忧伤呢？花费时间去伤心，不如将这样的精力投入到实际行动中来。”

对于大多数女孩来说，每天所做的最多的事情就是抱怨这或那，这些情绪会逐渐造成负面影响。对此，心理学家认为，学会关注他人，尊重他人，为其提供礼貌、周到的服务，则会造成积极的改变。所以，停止抱怨，将这样一种怨气付诸于实际行动吧！

枕边细语

1.过分抱怨会令人丧失行动力

阿尔伯特·哈伯德曾说：“如果你犯了一个错误，这个世界或许将会原谅你，但如果你未做任何行动，这个世界或许不会原谅你。”抱怨，它只是一种语言而不是行动，当一个人过多地被语言困扰的时候，他就会失去行动力。当然，将抱怨转化为动力，我们还需要拥有广阔的胸襟，只有看透了抱怨的实质，我们才有可能将怨气化为动力。

2.行动比抱怨更有效

一个人来到这个世界上，面对生活中的诸多不如意，我们只有两个选择，要么接受，要么改变。抱怨成为了接受事实的一个阻碍，我们总是想到：这件事对我是不公平的，这样的事情怎么会发生在我的身上呢？我怎么能接受这样的事情呢？所以，一种强烈的倾诉欲望开始萌

发，我要去对别人诉说，以此证明我的无辜和委屈，于是，我们抱怨的时候，就已经失去了去改变这件事情的机会。那么，当我们无休止地抱怨的时候，有没有想过比抱怨更好的解决方法呢?

第11章

蜕变自我——身体和灵魂，均在路上

一个人生命延续的三种方式：旅行、读书和健康，这些指的就是一个人的心智成长。有一句话说得好：要么旅行，要么读书，身体和灵魂必须有一个在路上。对年轻女孩而言，需要不断蜕变自我，身体和灵魂都要在路上。

女孩，你读书是为了什么

屠格涅夫说：“知识比任何东西都能给人以自由。”从古至今，屹立于世间最璀璨、最明亮的那颗明珠就是“知识”。人生须臾，在这个知识创造价值的竞争年代，对于年轻女孩来说，拥有了知识才华才能“海阔凭鱼跃，天空任鸟飞”。

现在的社会竞争日益激烈，学习的真谛是为了提高自身的素质和能力，从而不断解放自我，提高改造自我的能力。所以，当女孩还在迷惑为什么而学习的时候，那么就应该及时地转换自己的观点，认清楚学习的真实目的。

冰心是当代文坛巨匠，她亦是有着知性美的女作家。她喜欢天真烂漫的小孩子，所以她几乎花了一生的时间来给孩子们讲了无数个平凡而美丽的故事。

她自会认字后不到几年，就开始读书，不断地接触各种各样的知识。7岁时就开始读“话说天下大势，分久必合，合久必分……”的《三国演义》，12岁开始初涉《红楼梦》，她的一生都在孜孜不倦地进行阅

读，阅读了大量的中外文学作品，这为她后来成为当代文坛巨匠奠定了基础。冰心有一句响亮的话：“我永远感到读书是我生命中最大的快乐！”她从读书里学到了做人处世的道理。

1986年，她从日本访问回国后因为腿受伤了，就闭门不出，把“读万卷书”作为自己唯一的消遣，她几乎每天都会阅读很多的书刊，书读多了，她就会比较，从而有选择性地读书，这让她倾向于阅读那些有真情实感、质朴的文章。在有一年的六一国际儿童节，一家儿童刊物要求冰心给儿童写几句指导读书的话，她只写了九个字“读书好，好读书，读好书”。

无疑，读书是拥抱知识的最佳途径。直到今天，冰心那“读书好，好读书，读好书”的名言，依然鞭策着许多寻找知识的人奋力前进。古人说得好：“腹有诗书气自华”。一个坐拥书城的女孩，即使是再普通的衣着，也难以掩盖那浑身流溢出的书卷味，这是因为，知识代替了她们华丽的时装和昂贵的化妆品。

有听说过犹太人的故事吗？据说，犹太人父母会在他们孩子出生时就在书本上滴上蜂蜜，让孩子吃，希望以此告诉孩子：读书就跟吃蜂蜜一样甜。所以，犹太人很喜欢读书。对此，有人统计过，平均每个犹太人一年要看三百多本书，他们从书中学到了丰富的知识。因为拥有了知识，犹太民族被世界公认为“最有创造力的民族”。

枕边细语

1.学习是为了完善自我

事实上，学习的最终目的不是为了金钱，也不是为了文凭，而在很

大程度上是为了完善自我，丰富心灵，充实自己的生活，装点自己的人生。学习，并不是单纯的学习，你可以通过学习学到很多做人的道理，怎么说话、怎么与人交际、怎么取得成功、怎么解决问题等。在学习的过程中，你的智力得到了挖掘，你的大脑得到了开发；在学习的过程中，你不断地变得聪明，变得智力超群；在学习的过程中，你还能感受到学习给你带来的愉悦享受以及精神上莫大的满足。

所以，女孩，当你进入青春期这一黄金学习时期后，关键就是要认清学习的目的，这样才有利于你端正自己的学习态度。

2.学习可以使自己获得荣誉感

周总理在小时候就大声说出了自己为何学习，那就是“为中华之崛起而读书”。现在我们生活在和平时代，也许这样的使命感、责任感没有那么强烈。但是，当你亲自观看了奥运健儿在第28届雅典奥运会上获得金牌就明白了。这样的使命感、责任感、民族荣誉感一直都在，当运动健儿经过艰辛的训练获得了成功，当五星红旗在雅典奥运会赛场冉冉升起，这一时刻，每一个中国人都会感到由衷地骄傲、自豪。

那么，当女孩在学习上取得了荣誉，为班级、为学校，甚至为国家争得荣誉的时候，相信你的感觉是一样的，这就是为什么周总理的那句“为中华之崛起而读书”一直激励着你们。

3.不要以功利性为目的去学习

如果女孩以功利性为目的去学习，那只能培养出自己浮躁的拜金主义，是学不到真本领的。而且这样的学习也是不稳定的，当你发现这方面的学习不能为你谋取经济利益时，就会转向其他方面。甚至到某些

时候，只要能挣到钱，不管这样的学习适不适合自己，都会硬着头皮学习，结果，只会使自己事倍功半。

谁都不是天生会读书

爱默生曾说：“坚信自己的思想，相信自己心里认准的东西也一定适合于他人，这就是天才。”

每个人都是一件独一无二的宝藏。在现实生活中也是这样，在任何时候，女孩都不要轻易否定自己的学习能力。假如有一次测验考砸了，不要灰心，总结好经验与教训，下次定能考出好成绩。假如你仅仅以一次的分数就判定自己不是读书的料，那无疑是给未来的自己下了一张死刑判决书。所以，相信自己，只要我们勤学，就一定能补拙，就一定能获得优异的成绩。

枕边细语

1.避免消极心理暗示

许多女孩子在偏科时，总忍不住说“啊，英语确实太难了”“为什么英语总是与我作对呢”，如此，就会给自己偏科的心理暗示。尽管这只是一种抱怨，但时间久了，女孩子会发现学英语真的很困难。而且，当女孩子在抱怨英语难学的同时，她也就对英语产生了拒绝心理，即看到英语就头疼。

2.培养对弱势学科的兴趣

“兴趣是最好的老师”，有的女孩子偏科就是对该学科缺乏兴趣。对此，女孩子应想办法培养自己对弱势学科的兴趣，多看看这个科目在现实生活中的应用，让自己从心理上自觉消除厌恶感和抵触感。

3.向老师求助

另外，女孩子可以找偏弱学科的老师认真谈一次，从中得到老师的鼓励。或许老师会说“其实你学英语挺有天赋的，因为你的记忆力很好”，在老师和父母的细心帮助下，你一定会收到“春雨润物细无声”的效果。

相信自己一定能行

但丁：“能够使我飘浮于人生的泥沼中而不致陷污的，是我的信心。”有的女孩天资聪明，在学习的过程中接受新知识会快一些；而有的女孩天资愚钝，学东西总是慢半拍。但是，即便是天资聪慧也有成绩差的同学，因为他们不够认真；即便是天资愚钝，也不乏成绩优秀的同学，那是他们笨鸟先飞的成果。所以，女孩请对自己说：“我一定要考第一！”

枕边细语

1.培养自己的自控力

学习的心态问题，就是你要懂得控制自己，自控能力的强与弱都可以直接影响到你的成败。当然，这样的学习心态需要你自己去控制，同时

也需要锻炼你的耐力和韧力。处于你们这样的年纪，喜欢玩耍是正常的，也是孩子的天性，比起枯燥的学习，玩乐具有致命的诱惑力。每个人都是有惰性的，没有人喜欢枯燥的学习，但是你要能够控制好这个度。

2.端正心态

女孩子需要明白，无论是做人还是学习，都要保持一个好的心态，这是最关键的。只有你端正了心态，心无杂念，才能安然度过学习的困难和挫折，才不会因为学习的暂时失利而悲伤，而这样的心态也会更加有利于你的学习，也更容易得到父母和老师的认可。只要你能踏实认真地学习，到了一定的程度，成功就是水到渠成的事情。你的一切付出早晚会得到别人的认可，而被别人承认的人，也自然证明了自身的能力与实力。

3.脚踏实地

学习跟做人一样，需要脚踏实地，端正心态，积极进取，这样才能领悟到学习的快乐。人生最高的境界就是水的境地，在任何时候都会不受阻碍，流向大海，所以，多向流水学习，面对学习中出现的困难和挫折，调整好心态，积极面对。女孩，从现在开始，端正自己的学习态度，让自己拥有一个丰富、精彩而又充满收获的中学生活。

把读书当作一种习惯

伏尔泰说："读书使人心明眼亮。"阅读，不仅能扩展我们的知识空间，还能给我们指明未来的方向。读书可以拓宽视野，丰富知识，增

长才干，还可以净化心灵，陶冶情操，充实自己的精神世界。一个不读书的人，目光是短浅的，精神世界是空虚的，甚至心灵也会扭曲变形，以至于善恶不分，就好像一个不完整的人浑浑噩噩过日子，自己却觉得潇潇洒洒，实际上是虚度了年华，荒废了自我。

有人说："杰奎琳最大的魅力是深不可测的智慧美。"熟悉杰奎琳的人，都会说到她对于书的感情。杰奎琳是一个典型的书迷，她对书的痴迷程度，是常人难以理解的。就连她的丈夫肯尼迪也会惊叹："无法理解她为什么那么喜欢看书。"

她几乎博览群书，不管什么书都看得很认真，尤其喜欢诗集、历史书籍或关于艺术的书籍。随着地位的升高和年龄的增长，杰奎琳更加刻苦地看书，并通过读书不断提高自己，如此的学习经历使得她在离开白宫后仍然被人们所记住，在离开白宫后，她反而变得更有名，成为了一个更具影响力的女人。

杰奎琳的公寓和别墅里装满了各种书籍，桌子上和桌子下、沙发上和椅子上，到处都堆满了书，整个别墅就相当于图书馆。她经常指导朋友希拉里"做一个读很多很多书的女人"，在杰奎琳看来，要想成为一个传奇女人，其中的奥秘就是读书和学习。

莱因霍尔德曾这样说："杰奎琳在社会学和神学上表现出的智慧感动了我，我被杰奎琳感动以后，便下决心支持她的丈夫。"戴高乐在见识杰奎琳的智慧之后，这样说道："杰奎琳女士对法国历史的了解程度远远超过了法国本土的妇女们，她并不介入政治，但又给自己的丈夫赋予艺术和文学支持者的名声，自从认识杰奎琳以后，我对美国更加信任了。"

杰奎琳非凡的智慧当然应该归功于自己的终生学习，即使在自己地位和名声升高的时候，她也不放弃读书。而且还更加刻苦地学习，并通过学习来提升自己的文化修养，只能说，她不愧于第一总统夫人。

著名哲学家培根说："读书足以怡情，足以博彩，足以长才。"这句话深刻形象地呈现出了书对人的影响力和对人的心灵的塑造。阅读作为语文能力的基石越来越多地受到各界人士的青睐和重视。要想在阅读中取得高分，最重要最有效的方法就是多读书。当然，长时间的阅读，会培养你的语感和感悟能力，而这种能力是做好阅读必要的前提和基础。

枕边细语

1.从读书中感受乐趣

让读书成为一种习惯，有的女孩可能会说："我从早到晚不都是在读书吗？"如果我说："你现在所读的书，如果不考试，你还会读吗？"你会怎么回答我呢？如果答案是否定的，那么说明你还没有养成读书的习惯。有的老师可能会说："我已经读了太多的书，我的知识储备已经足够把我的工作做好了。"如果我说："面对日新月异的时代，面对不断变化的一届又一届新的学生，你有没有过捉襟见肘的困窘？"如果答案是肯定的，那么说明你还没有从读书的习惯中得到生存甚至生活的乐趣。

2.每天坚持读书30分钟

女孩要想丰富自己的知识底蕴，那就要培养每天读书和看书的良好习惯。根据自己的年龄特点和学业任务的轻重，确定每天读书和看书的具体时间。通常情况下，早上起床洗漱后比较适合诵读，诵读时间在30

分钟以内，上午、下午或晚间坚持看书，时间也以30分钟为宜，晚间也不可以超过60分钟。

3.坚持到底

假如时间紧张，确实没有多余的时间用来读书和看书，但是也要发扬坚持到底的精神。确定每天坚持读书或看书的时间，即便是10分钟也要坚持，规定每天必须读或看多少页书，即便是每天坚持读或看10页。女孩一定要监督自己坚持下去，直到自己觉得每天不读书、不看书感到不习惯为止，这就培养了自己认真读书和看书的习惯了。

最好每周去一次图书馆

西塞罗曾说：“没有书籍的屋子，就像没有灵魂的躯体。”大学问家朱熹，曾经提到读书有六法，其中第四法是要切己体察，身体力行，意思就是告诫女孩，不能死读书，读死书，而要把读书学习与实践联系起来。

所谓“读万卷书，行万里路”，女孩不仅要多读书，更需要将所读的书运用到现实生活中去，这样才能真正地将所学的知识应用到实践。

三毛说：“如果硬要给人生分割，那么谁的半生也是一座七宝楼台，拆来拆去便成了碎片，所见的无非只是一些难以拼凑的颜色和斑纹而已。不拆的话，的确是一座宝塔，我的自然也是，只是那座塔上去不容易，忘了在里面做楼梯，倒是不自觉地建了许多栏杆。20岁，刚刚由一重重的浓雾中升上来，眼前一片大好江山，却不敢快步奔去，只怕那是海市蜃楼。”

在三毛看来，在20岁的年纪，不是自大便是自卑，面对展现在这一个阶段的人与事，新鲜中透着摸不着边际的迷茫和胆怯。而三毛太看重自己的那份“是否被认同”才产生的心态，后来她回忆起来，也觉得可怜亦可悯。

三毛的大学时代，不过是狂热读书。那个年纪，三毛对于智慧的追求如饥似渴，亦期待付出和追寻。那时候，同学之间是虚荣的，深觉本身知识的浅薄与欠缺，这使三毛感到自卑，最后同学之间彼此比来比去，比的不是容貌和衣着，比不停的是谈吐和思想。要是有个同学看了一本三毛尚没有发现的好书在班上说来出来，当时个性比较好强的她便会急着去寻找，细心地阅读体会，下星期夜谈时立即给他好看。

三毛当时觉得这真是虚荣，而也因为这份激励和你死我活的竞争，使读书成了三毛一生的习惯，但却不再为着虚荣的理由了。本班同学中，在书本上与三毛争得最激烈的，便是而今写出《上升的海洋》与《长夜思亲》的作者许家石。直到后来，三毛依然非常感谢许家石对自己的一番“恩仇”。

回忆自己大学的读书，三毛说：“书本中的‘直接真理’，使我日后的人生受益极多。”

成功大师拿破仑曾说：“真正的征服，唯一不使人遗憾的征服，那就是对无知的征服。”拿破仑在征服了无知，获得知识之后振兴了法兰西，他用亲身的事迹诠释了那句话。而读万卷书可以让女孩学到许多知识，在未来的人生道路上，这些知识会帮助女孩走过一道又一道的沟坎，可以说是一辈子受益。

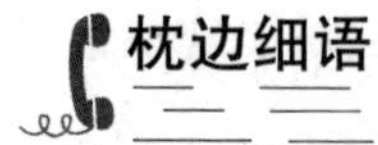

1.适当摘取原文

在回答问题的时候，假如离开了原文那可能谁也答不正确，或者说回答不完全。所以，准确解答阅读题最重要最有效的方法就是在原文中找答案，其实大多数题目都能够在文章里找出答案。当然，找出的语句并一定可以直接拿来用，还要按照题目的要求进行加工，或摘取词语或压缩主干或抽取重点或重新组织，即便是归纳概括整篇文章的大意时也可以用原文。

2.巧取信息

阅读过程，其实就是女孩在获取信息的过程，阅读质量的高低取决于你获取信息的多少。在做阅读题时，女孩可以先看看文章的作者、写作时间和文后注释等内容，同时尤其要看一下后面问了哪些问题，从题目中揣摩出文章大概的主旨是什么。假如是小说，则主要从人物、情节等方面入手；假如是议论文，则主要看论点、论据、论证等等。

3. 边读边勾画

女孩在做阅读题时需要采用精读的方法，逐字逐句地揣摩，所以平时在阅读时养成圈点勾画、多做记号的习惯，你可以先看看题目涉及了哪些段落或区域，和哪些语句有关系。当你确定答题区域之后，再认真地弄懂这一段每一句的大意，从而理清段落之间的关系，了解行文思路。假如我们在阅读时反复琢磨，勾画与之相关的内容，那答题时就不用从头至尾去寻找，这可以节约不少时间。

4.巧解题

汉语中一词多义的现象是很常见的，我们在理解词语中某个字的

意思的时候，一定要把它放在这个词语中去理解，也就是字不离词，这样才能准确地理解这个字的意思。对句子的分析理解不能离开具体的语段，不能离开具体的语言环境。假如离开了具体的语段，离开了具体的语言环境，那很多句子就无法被准确理解了。

善于结交朋友

《晏子春秋》里说："橘生淮南则为橘，生于淮北则为枳。叶徒相似，其实味不同，所以然者何？水土异也。"

其实，人也一样，容易受到周边环境的影响。女孩与什么人相处，就会沾染上什么样的习惯、品性，而这些行为特点将会影响我们的一生。因此，为了有效地塑造自己，我们应该给自己创造一个良好的环境，努力从周围的环境中汲取营养，以此提升自我。

古人曰："近朱者赤，近墨者黑。"当我们接近品性好的人时，我们也可以学好，心中不自觉地会萌发出见贤思齐的想法；当我们接近品性坏的人，就很容易变坏。我们生活的环境就像是一个大染缸，很容易将形形色色的人同化在其中。当我们处于修心重德的环境中时，我们就会受到身边人的言行教化，自觉地约束自己，使自己的身心都得到不断地长进；相反，假如我们处在道德颓废的环境中，我们就会受到身边消极观念的影响，随波逐流。

枕边细语

1.多与同龄人交朋友

现代社会，大多数家庭都是独生子女，虽然许多女孩能受到父母的良好教养。但是，如果她们缺乏与同龄孩子的交往，其身心将不能健康成长。女孩在与同龄人的交往中，会学会遵守共同的规则、学会交往、学会尊重别人的权利。而且，从其中还可以学到如何与人合作，如何交朋友等。

2.不要误导“不要和陌生人说话”

对处于青春期的女孩子来说，应该学会交际，特别是与陌生人的交际，这是一项生存的法则。因为当她们成年之后，会不可避免地接触到越来越多的陌生人，而在纷繁复杂的社会交际中，轻松与陌生人交流，成为了一种本领。许多父母教导女儿“不要和陌生人说话”，其实有时候会误导孩子。只是，在这里需要提醒女孩“在与社会青年接触的时候，要提高警惕，对于那些有着不良嗜好、品性败坏的人，最好避而远之”。

3.正确对待与异性的交往

由于青春期是求学的黄金时期，某些父母总是担心女儿幼稚、冲动，影响学业，对她结交异性朋友常常持反对意见，戴着“有色眼镜”，任凭主观臆测，给女孩施加压力，用“早恋”来界定孩子们的这种情感需求，限制孩子与异性交往。青春期女孩子出现对异性的朦胧好感是很正常的，通过与异性的交往认识异性，这也是成长的必经过程。对此，面对父母的猜测，女孩需要坦白：我与他只是普通朋友。并且，要与异性朋友保持在普通朋友的范围之内。

4.了解自己的交往需求

在青春期，女孩时而浮想联翩，时而忧心忡忡，这些感情不适合与父母分享，而应该选择向身边的最好、最安全的朋友倾诉。对于女孩的择友只需要坚守简单的底线要求就可以了，比如“不能与带你做坏事的人做朋友”“不能与很自私的人做朋友”“不能与自以为是的人做朋友”等等。

多参加社交活动

华盛顿曾说：“真正的友谊是一种缓慢生长的植物，必须经历并顶得住逆境的冲击，才无愧友谊这个称号。”除了参加学校内部的社交活动，你还可以选择性地参加一些聚会。几乎每个人都参加过聚会，但是参加什么聚会，如何参加聚会，却是一门学问，无论参加什么样的社交活动，都需要有选择性，比如符合你的性格、爱好、目前需求等。同时，当你在参加聚会的过程中，也需要有意识地选择认识一些人，跟什么样的人维持长期的关系等，这有助于扩展你的人脉资源。

朱艳艳是上海视点公关公司的总经理，她所建立的人脉网络极其丰富，除了拥有众多的媒体朋友，还有世界500强的公司如联合利华、三菱电机、通过磨坊等都是她的客户，她是怎么做到的呢?

朱艳艳在23岁的时候已经是兰生大酒店的公关部经理了，当时她对自己每天所扮演的角色也显得有些懵懂。几乎每天都是在忙碌中度过的，

她们需要把中国文化介绍给外国客人，在圣诞节的时候举办餐会，举办各种新闻发布会，工作的跨度比较大，从举办各类宴会到联络媒体，几年的历练使她建立了一张无所不包的关系网。她拥有一大帮记者编辑朋友，娱乐、经济、体育记者一应俱全，还有主持人、明星以及政府部门上上下下的工作人员，这无疑就成为了她人生中的第一桶“金”，那就是人脉的无形资产。

1997年底，惠而浦与上海一家公关公司的合约即将到期，她的一位在惠而浦工作的老板引见了她，最终她获得了这家公司的公关代理权。凭着2001年一手策划的“奥妙新妈妈大赛”，她成为首位获得国际“金鹅毛笔奖”的中国公关人。

朱艳艳的经历告诉我们，参加一些有价值的社交活动，可以为自己积累庞大的人脉资源网络。这些积累下来的人脉资源，就如同一张人脉存折，会成为你事业成功的基石，也会成为你人生中一笔不可多得的财富。

有的人会觉得自己所置身的圈子太过于狭窄，那么开拓人脉圈子的最佳途径就是打破狭小圈子的限制，走向更大的人脉圈子，而参加一些有价值的社交活动则是有效的途径之一。参加一些有价值的社交活动，可以增加自己曝光的机会，所以尽可能地多参加一些宴会、社团活动，即便是学校内部之间的社交活动，也是把自己推销出去的一个渠道，也是结识朋友的一个机会。

枕边细语

1.主动与他人打招呼

女孩应该学会主动与人打招呼，这是与人交往的第一步。女孩一定要养成这种习惯。比如，女孩可以定期不定期地邀请亲朋好友来家里做客。从而让自己体会到做主人的优越感，培养自己与人打交道的兴趣。

2.学会如何与人相处

友好地与人相处，这是女孩交友的前提条件。假如女孩无法友好地与人相处，那么她就很难交到真诚的朋友。学会礼让，学会礼貌用语，学会与朋友们分享好东西，比如快乐的故事、美味的零食、有意义的书籍等等。

3.学会欣赏别人

女孩应该明白，学会欣赏别人是交友的关键。试想，一个你只要看见就没有什么好心情的人，怎么可能和他成为朋友呢？所以，女孩从小就要学会欣赏自己的同学、老师、先辈们，身边的亲朋好友，兄弟姐妹等都是孩子们学习的榜样。学会了欣赏，女孩就赢得了别人的尊重。

4.学会尊重别人

学会尊重他人，这是交朋友的另外一个重要的方面。女孩需要记住，不仅需要尊重别人的感情，而且需要尊重别人的风俗习惯、行为爱好等等。只有尊重了别人，才可能让别人打开自己的情感大门，接纳自己，欣赏自己。所以，女孩要从小学会尊重每一个人。

5.学会分辨朋友

女孩交朋友，一定要辨别虚伪、欺骗等概念。一个不诚实的人难以交到真心的朋友，一个虚伪的人，与他在一起的也只能是坑蒙拐骗的朋友。因此，当女孩诚心待人的时候，一定要学会鉴别对方的情感，学会选择。生活在这个世界上，并非全世界的人都是一条心，人因为性格、地域等因素的差异，会有不同的圈子。所以，“三人与他好，三人与我好”的事情是再普通不过的了。

参考文献

[1]杨敬敬.女孩性格书[M]北京：中国纺织出版社，2011.

[2]彭凡.完美女孩的性格秘密[M]北京：化学工业出版社，2014.

[3]刘秋炎.女孩性格书[M]北京：中国纺织出版社，2014.

[4]文德.好性格成就女孩一生[M]北京：中国华侨出版社，2015.